Mb. Iqbal Hossain

Cultivo sustentável de chá

Mb. Iqbal Hossain

Cultivo sustentável de chá

Práticas orgânicas, conhecimentos indígenas e catalisadores de crescimento de plantas

ScienciaScripts

Imprint

Cover image: www.ingimage.com

This book is a translation from the original published under ISBN 978-3-659-80767-1.

Publisher:
Sciencia Scripts
is a trademark of
Dodo Books Indian Ocean Ltd. and OmniScriptum S.R.L publishing group

120 High Road, East Finchley, London, N2 9ED, United Kingdom
Str. Armeneasca 28/1, office 1, Chisinau MD-2012, Republic of Moldova, Europe
Printed at: see last page
ISBN: 978-620-8-34779-6

CULTIVO SUSTENTÁVEL DO CHÁ: PRÁTICAS biológicas, SABERES INDÍGENAS E CATALISADORES DE CRESCIMENTO DE PLANTAS

MD. IQBAL HOSSAIN

DEDICADO

A

MEU FILHO AMADO

IBRAR FAIYAZ

A MINHA INSPIRAÇÃO PARA O MODO DE VIDA

Índice

RESUMO

Este livro, *Sustainable Tea Cultivation: Práticas Orgânicas, Conhecimento Indígena e Catalisadores de Crescimento de Plantas,* fornece uma abordagem holística ao cultivo de chá, explorando técnicas de compostagem orgânica, gestão de pragas e doenças através do conhecimento técnico indígena (ITK) e o papel dos catalisadores de crescimento na maximização da produtividade e sustentabilidade. Com base numa mistura de técnicas modernas e conhecimentos técnicos indígenas (ITK), o livro fornece um guia pormenorizado sobre a utilização de compostos orgânicos, a gestão ecológica de pragas e os factores naturais de crescimento. Este guia destaca os papéis vitais do composto orgânico, da gestão ecológica de pragas e dos potenciadores de crescimento naturais no desenvolvimento de plantas de chá robustas e resilientes e enfatiza uma relação simbiótica entre a sabedoria agrícola tradicional e as práticas orgânicas cientificamente comprovadas para responder às necessidades únicas das plantações de chá.

O livro está organizado em três secções principais, cada uma abordando um componente crítico da cultura do chá sustentável. Começa com uma análise pormenorizada de vários tipos de composto orgânico - como vermicomposto, composto de fossa, composto de pilha e composto derivado de resíduos de fábricas de chá - e as suas aplicações no aumento da fertilidade do solo e na redução da dependência de fertilizantes químicos. Em seguida, analisa o conhecimento técnico indígena (ITK) para a gestão de pragas e doenças, incluindo soluções à base de neem, formulações Panchagavya e repelentes à base de plantas com conhecimento indígena, que se alinham com o fornecimento de alternativas ecológicas aos pesticidas sintéticos e minimizam os resíduos químicos. Na terceira parte, os catalisadores de crescimento, como os biofertilizantes naturais - ácido húmico, ácido giberélico, fungos micorrízicos e potenciadores microbianos - são discutidos pelo seu papel na melhoria da absorção de nutrientes, no reforço das plantas de chá contra factores de stress e na promoção de um ecossistema de solo resistente. Ao integrar estes métodos, este livro orienta os cultivadores de chá para práticas sustentáveis que produzem chá de alta qualidade, preservando a saúde ambiental e do solo.

Ideal para agrónomos, produtores de chá e defensores da sustentabilidade, este recurso oferece um roteiro prático para transformar as plantações de chá em ecossistemas de produtividade orgânica e resiliência, contribuindo para um futuro de cultivo de chá com consciência ecológica.

CAPÍTULO 1: INTRODUÇÃO AO CULTIVO SUSTENTÁVEL DO CHÁ

Práticas sustentáveis no sector do chá:

O chá, uma das bebidas mais consumidas em todo o mundo, tem uma história rica e um significado cultural, o que faz dele uma cultura vital em muitos países. O cultivo do chá, uma parte integrante da agricultura, pode enfrentar desafios quando se pretende obter rendimentos elevados sem comprometer a sustentabilidade ambiental. À medida que aumenta a consciencialização global relativamente aos impactos ambientais e sanitários da agricultura convencional, o cultivo do chá enfrenta um novo imperativo: produzir rendimentos de alta qualidade de forma sustentável. No entanto, o cultivo tradicional do chá tem muitas vezes um custo ambiental e social elevado, afectando a saúde do solo, os recursos hídricos, a biodiversidade e os meios de subsistência dos plantadores de chá. O cultivo sustentável do chá tem como objetivo enfrentar estes desafios através da implementação de práticas agrícolas que mantenham a produtividade, ao mesmo tempo que protegem o ambiente e promovem a equidade social.

O cultivo sustentável do chá centra-se na minimização da utilização de produtos químicos, na preservação da biodiversidade, na redução do consumo de água e na promoção de práticas laborais justas. Ao adotar técnicas como a agricultura biológica, a gestão da água e a gestão integrada de pragas, os plantadores de chá podem produzir chá de alta qualidade de uma forma ambientalmente responsável. Esta abordagem não só ajuda a salvaguardar os ecossistemas, como também promove a resiliência das comunidades produtoras de chá, garantindo que a produção de chá possa prosperar durante gerações. O cultivo sustentável do chá refere-se à prática de cultivar chá de forma ecologicamente correta, economicamente viável e socialmente responsável. Enfatiza a utilização de métodos que conservam os recursos, reduzem o impacto ambiental e mantêm a saúde do solo e do ecossistema, ao mesmo tempo que produzem chá de alta qualidade. O cultivo sustentável do chá tem como objetivo integrar práticas agrícolas naturais - como a compostagem orgânica, a gestão natural de pragas e os catalisadores de crescimento derivados de fontes biológicas - com conhecimentos indígenas e científicos para fomentar a fertilidade do solo a longo prazo, reduzir as dependências químicas e promover a biodiversidade. Esta abordagem apoia a resiliência das plantações de chá, protege a qualidade da água e do ar, reduz os resíduos e melhora o bem-estar das comunidades agrícolas. Mais uma vez, o cultivo sustentável do chá dá prioridade à saúde ambiental, à responsabilidade comunitária e à produção, com a necessidade de proteger os ecossistemas, preservar a saúde do solo e apoiar os meios de subsistência das comunidades produtoras de chá.

No cultivo sustentável do chá, as Práticas Orgânicas, os Conhecimentos Indígenas (ITK) e os Catalisadores de Crescimento das Plantas desempenham papéis cruciais na melhoria da produtividade e da resiliência e na viabilidade económica a longo prazo. Esta prática equilibra as exigências do chá e protege o ambiente.

As práticas biológicas são fundamentais na agricultura sustentável do chá, uma vez que se concentram em evitar os produtos químicos sintéticos e em utilizar alternativas naturais como o composto, o estrume animal, o estrume verde e os fertilizantes à base de plantas, concentrando-se no aumento da fertilidade do solo, na preservação da biodiversidade e na minimização da utilização de produtos químicos. A utilização de composto natural, como o vermicomposto, o composto de fossa e o composto de resíduos de fábricas de chá, etc., enriquece o solo com nutrientes e promove a atividade microbiana benéfica. Isto melhora a estrutura do solo, aumenta a retenção de água e reduz a necessidade de fertilizantes sintéticos. Os fertilizantes naturais, como o adubo de peixe, o biocomposto e o composto de folhagem, fornecem nutrientes essenciais como o azoto, o fósforo e o potássio, apoiando o crescimento das plantas sem escoamento prejudicial ou degradação do solo. Os métodos biológicos de controlo de pragas evitam os pesticidas sintéticos, baseando-se em formulações naturais feitas a partir de plantas como o neem e os produtos à base de vaca, que protegem as plantas do chá sem poluir o solo ou prejudicar os organismos benéficos. Os métodos de Gestão Integrada de Pragas (IPM) incluem a utilização de repelentes naturais de pragas, o encorajamento de insectos benéficos e a redução da lavoura para preservar a saúde do solo. Também se dá prioridade à cobertura vegetal, à rotação de culturas e às práticas orgânicas de conservação da água. Os fertilizantes orgânicos enriquecem a microbiologia do solo e mantêm a estrutura do solo, levando a uma melhor disponibilidade de nutrientes e a uma produtividade a longo prazo. Ao evitar pesticidas e fertilizantes sintéticos, as práticas orgânicas reduzem o escoamento nocivo, beneficiando as fontes de água circundantes e a biodiversidade. O chá cultivado organicamente tem frequentemente um teor mais elevado de antioxidantes, contribuindo para o seu sabor e benefícios para a saúde, o que pode aumentar o valor de mercado.

O Conhecimento Técnico Indígena engloba a sabedoria tradicional, transmitida através de gerações, sobre as práticas agrícolas locais e a gestão ambiental. Os remédios de origem local, tais como soluções à base de neem, Panchagavya (uma mistura de cinco produtos derivados da vaca) e extractos de ervas, constituem alternativas naturais aos pesticidas químicos. Estas práticas ajudam a gerir eficazmente as pragas e são biodegradáveis, minimizando assim os danos ecológicos. As práticas indígenas, como a utilização de cinzas de madeira ou de formulações de urina de vaca, melhoram a disponibilidade de nutrientes no solo e a resistência das plantas, melhorando a qualidade e a saúde das folhas de chá. Estas técnicas também fomentam a biodiversidade do solo, promovendo um ecossistema estável que apoia a resistência natural às pragas. Os métodos ITK são especificamente adaptados ao clima local e às condições ambientais, o que os torna especialmente eficazes na manutenção do equilíbrio ecológico nas plantações de chá. A plantação eco-simbiótica - onde as plantas de chá são cultivadas juntamente com espécies nativas que repelem as pragas, atraem insectos benéficos ou melhoram a saúde do solo - é frequentemente praticada.

Os métodos indígenas também ditam técnicas sustentáveis de colheita e de utilização dos solos, evitando a sobre-exploração. As técnicas indígenas aumentam frequentemente a resistência dos ecossistemas, promovendo a biodiversidade e reduzindo a necessidade de factores de produção externos. Os conhecimentos tradicionais ajudam a adaptar-se às alterações ambientais locais, ajudando as plantas de chá a resistir a desafios climáticos como a seca ou a precipitação intensa. Ao utilizar práticas geracionais, as comunidades locais conservam o património cultural e contribuem para uma economia partilhada, o que melhora o bem-estar social e promove uma agricultura sustentável.

Os catalisadores de crescimento das plantas são intensificadores naturais que apoiam um crescimento robusto e ajudam as plantas de chá a resistir aos factores de stress ambiental. Os catalisadores de crescimento incluem bioestimulantes naturais, ácido húmico - um biofertilizante natural que aumenta a absorção de nutrientes, melhora a estrutura do solo e apoia a atividade microbiana, contribuindo para plantas de chá mais saudáveis e produtivas. As hormonas naturais de crescimento, como as auxinas, o ácido giberélico (GA3) e as citocininas podem, de facto, desempenhar um papel benéfico na gestão sustentável das plantações de chá, melhorando os processos de crescimento, apoiando a resistência das plantas e reduzindo a dependência de produtos químicos sintéticos. Ácido giberélico (GA3) - promove o alongamento dos rebentos e pode melhorar a produção de folhas de chá, estimulando a divisão e o alargamento das células. Quando aplicado em baixas concentrações, o GA3 pode aumentar o tamanho das folhas e promover um sistema de rebentos mais vigoroso. Isto é particularmente útil na fase de crescimento vegetativo, permitindo que as plantas de chá atinjam um dossel mais eficiente para uma absorção óptima da luz, crucial para a fotossíntese e o rendimento da colheita. Auxinas - como o ácido indol-3-acético (IAA), apoiam o alongamento celular e a iniciação das raízes. Nas plantas de chá, incentivam o desenvolvimento das raízes, tornando as plantas jovens mais resistentes no estabelecimento do solo. Estimulam também a divisão celular no câmbio, que suporta o crescimento secundário essencial para os arbustos de chá. As auxinas podem ajudar a controlar a dominância apical, permitindo um crescimento mais uniforme dos arbustos de chá através da inibição da formação de rebentos laterais, o que pode simplificar as práticas de poda e aumentar a produtividade ao longo do tempo. Citocininas - são fundamentais para promover a divisão celular, a função dos cloroplastos e a regulação da fotossíntese. Nas plantas de chá, as citocininas podem ajudar a otimizar a eficiência fotossintética, estimulando o desenvolvimento dos cloroplastos e mantendo os níveis de clorofila. Esta hormona pode atrasar a senescência das folhas, permitindo que as plantas do chá mantenham áreas foliares produtivas durante mais tempo, o que pode ser valioso para colheitas consistentes. Também ajudam na translocação de nutrientes, assegurando que o crescimento da planta é apoiado por um sistema eficaz de distribuição de nutrientes. Estes reguladores de crescimento, quando utilizados criteriosamente e em concentrações sustentáveis, podem reduzir a necessidade de fertilizantes químicos e melhorar a resistência contra factores de stress ambiental, como a seca ou deficiências de nutrientes. No entanto, para obter os melhores resultados e minimizar o impacto ecológico, devem ser adaptados especificamente à fase de desenvolvimento das plantas de chá e utilizados em doses controladas para evitar efeitos adversos, como a sobre-estimulação ou o desequilíbrio dos processos de crescimento.

Fungos micorrízicos - estes fungos benéficos formam relações simbióticas com as raízes das plantas de chá, melhorando a absorção de água e nutrientes e protegendo contra agentes patogénicos. A sua introdução nas plantações de chá apoia o ciclo sustentável de nutrientes e reduz a necessidade de insumos sintéticos. Micróbios benéficos como as rizobactérias (Azotobacter) - uma bactéria fixadora de azoto que enriquece os níveis de azoto do solo, a Azotobacter apoia o crescimento natural das plantas, especialmente em solos deficientes em azoto. Estas são aplicadas para melhorar o desenvolvimento das raízes, a absorção de nutrientes e a resistência das plantas ao stress, optimizando o ciclo de crescimento das plantas sem recurso a insumos sintéticos. Ao reforçar os sistemas radiculares e melhorar a absorção de nutrientes, os bioestimulantes e os micróbios ajudam as plantas de chá a crescer mais vigorosamente e a produzir maiores rendimentos. Os catalisadores aumentam a imunidade das plantas, tornando-as menos susceptíveis a doenças, pragas e factores de stress ambiental, o que é crucial para a sustentabilidade a longo prazo. Estes catalisadores enriquecem frequentemente o microbioma do solo, promovendo um ambiente onde os micróbios benéficos se desenvolvem, o que melhora a qualidade e a estabilidade geral do solo.

A integração destes três elementos - práticas orgânicas, ITK e catalisadores de crescimento - cria uma estrutura holística para plantações de chá sustentáveis. Trabalham em conjunto para melhorar a saúde do solo, reduzir a dependência de produtos químicos e promover a biodiversidade, conduzindo a uma produção de chá de alta qualidade que é amiga do ambiente e economicamente sustentável. Ao preservar o ecossistema, esta abordagem assegura a fertilidade do solo a longo prazo, apoia a resiliência climática e capacita as comunidades agrícolas locais para manterem práticas agrícolas sustentáveis.

PARTE 1

COMPOSTO ORGÂNICO E FERTILIZANTE PARA PLANTAÇÃO DE CHÁ

CAPÍTULO 2: COMPOSTO ORGÂNICO E FERTILIZANTE PARA A PLANTAÇÃO DE CHÁ

COMPOSTO ORGÂNICO:

O composto orgânico é uma matéria orgânica decomposta, rica em nutrientes, que melhora a fertilidade, a estrutura e a atividade biológica do solo nas plantações de chá. É feito a partir de resíduos de plantas, estrume animal e outros materiais orgânicos, que se decompõem ao longo do tempo através da atividade microbiana. O composto orgânico melhora as propriedades físicas, químicas e biológicas do solo, apoiando o crescimento saudável das plantas de chá e práticas agrícolas sustentáveis.

Nas plantações de chá, o composto orgânico serve como um fertilizante natural que promove o desenvolvimento das raízes, aumenta a atividade microbiana e ajuda a reter a humidade do solo. Minimiza a necessidade de fertilizantes químicos e pesticidas, conduzindo a um sistema de cultivo mais ecológico e resistente.

Benefícios do composto orgânico:

a) **Melhora a estrutura e o arejamento do solo**: O composto orgânico aumenta a porosidade do solo e a capacidade de retenção de água, o que é essencial para o crescimento das plantas de chá.

b) **Fornece nutrientes equilibrados**: Oferece um fornecimento constante de nutrientes essenciais como o azoto (N), o fósforo (P), o potássio (K) e os minerais vestigiais.

c) **Aumenta a atividade microbiana**: O composto aumenta a presença de microorganismos benéficos que ajudam no ciclo de nutrientes e na supressão de doenças.

d) **Reduz a utilização de produtos químicos**: Diminui a dependência de fertilizantes sintéticos e pesticidas, melhorando a sustentabilidade da plantação de chá.

Tipos de composto orgânico:

O composto orgânico utilizado nas plantações de chá pode ser classificado com base na fonte do material orgânico e no método de compostagem

1. Vermicmpost
2. Composto de fossa
3. Composto em pilha
4. Composto orgânico de resíduos de fábricas de chá
5. Fertilizante para peixes
6. Composto de adubo verde
7. Bio-composto
8. Composto de folhagem

1) VERMICOMPOSTO:

O vermicomposto é um fertilizante orgânico ou composto produzido através da decomposição de matéria orgânica por minhocas, tipicamente da espécie *Eisenia fetida* (vulgarmente designadas por minhocas vermelhas). As minhocas decompõem a matéria orgânica, como resíduos vegetais, resíduos agrícolas e estrume animal, convertendo-a em material rico em nutrientes, semelhante ao húmus, que melhora a qualidade do solo.

É um dos métodos mais fáceis de reciclar os resíduos agrícolas e de produzir composto de qualidade. A vermicompostagem consiste em decompor a matéria orgânica, como restos de comida, detritos vegetais e estrume, através da ação de espécies específicas de minhocas, principalmente *Eisenia fetida* (minhocas vermelhas) ou *Lumbricus rubellus*. As minhocas consomem a biomassa e excretam-na sob a forma digerida, designada por excrementos de minhoca. Os resíduos de minhocas são popularmente chamados de ouro negro. Os excrementos são ricos em nutrientes, substâncias promotoras de crescimento, microflora benéfica do solo e têm propriedades de inibição de micróbios patogénicos.

O vermicomposto é um adubo orgânico estável, de granulação fina, que enriquece a qualidade do solo, melhorando as suas propriedades físico-químicas e biológicas. É muito útil para a criação de mudas e para a produção de culturas. Este biofertilizante natural é rico em nutrientes e micróbios benéficos, o que o torna um excelente condicionador do solo e fertilizante. As minhocas consomem os resíduos orgânicos e produzem um material semelhante ao húmus, denominado "minhocas fundidas", que é altamente fértil e melhora a estrutura do solo.

Benefícios da utilização de vermicomposto em viveiros de chá:

A utilização de vermicomposto na proporção de 5:1 (solo: vermicomposto) misturado com o solo durante o enchimento do tubo de polietileno para estacas de VP ou plântulas aumenta o desenvolvimento proficiente das raízes das plantas e o subsequente crescimento dos rebentos, o que garante plantas de chá mais saudáveis.

Solo

a. Melhora o arejamento do solo e melhora a capacidade de retenção de água
b. Enriquece o solo com microrganismos (adicionando enzimas como a fosfatase e a celulase)
c. A atividade microbiana nas fezes das minhocas é 10 a 20 vezes superior à do solo e da matéria orgânica que as minhocas ingerem
d. Atrai as minhocas que crescem em profundidade já presentes no solo
e. Ajuda a reduzir a toxicidade dos metais pesados.

Crescimento das plantas

a. Melhora a germinação e o crescimento das plantas
b. Melhora o crescimento e a estrutura das raízes
c. Ajuda a reduzir a população de micróbios patogénicos.

Como fertilizante

a. O vermicomposto pode ser misturado diretamente no solo, ou mergulhado em água e transformado num chá de minhocas, misturando algum vermicomposto em água, borbulhando oxigénio com uma pequena bomba de ar e mergulhando durante algumas horas ou dias.

b. A atividade microbiana do composto é maior se for arejado durante este período. O líquido resultante é utilizado como fertilizante ou pulverizado sobre as plantas.
c. O líquido residual castanho-escuro, ou lixiviado, que escorre para o fundo de alguns sistemas de vermicompostagem à medida que os alimentos ricos em água se decompõem, é melhor aplicado de novo no contentor quando é necessária humidade adicional, devido à possibilidade de conter fitotoxinas e ácidos orgânicos que podem ser tóxicos para as plantas.
d. O pH, os nutrientes e o conteúdo microbiano desses fertilizantes variam de acordo com os insumos fornecidos às minhocas. Calcário pulverizado ou carbonato de cálcio podem ser adicionados ao sistema para aumentar o pH.

Benefícios do vermicomposto nas plantações de chá:

a) **Melhoria da estrutura e do arejamento do solo:** O vermicomposto aumenta a porosidade e a estrutura do solo, o que melhora a retenção de água, a drenagem e o arejamento das raízes - factores essenciais para as plantas de chá que preferem solos bem drenados mas que retêm a humidade. O composto aumenta a estabilidade dos agregados do solo, promovendo uma melhor penetração das raízes das plantas.
b) **Rico em nutrientes**: O vermicomposto é rico em nutrientes essenciais para as plantas, como o nitrogénio (N), o fósforo (P), o potássio (K), o cálcio (Ca) e o magnésio (Mg), que são libertados lenta e continuamente no solo. Estes nutrientes estão numa forma biodisponível que as plantas de chá podem absorver facilmente, melhorando o seu crescimento e produtividade geral.
c) **Aumento da atividade microbiana**: O vermicomposto introduz micróbios benéficos para o solo, incluindo bactérias, fungos e actinomicetos. Estes micróbios ajudam no ciclo de nutrientes, na decomposição da matéria orgânica e na supressão de agentes patogénicos nocivos, promovendo um ecossistema de plantação de chá mais saudável.
d) **Supressão natural de doenças**: Descobriu-se que os micróbios do vermicomposto suprimem os agentes patogénicos e as doenças transmitidas

pelo solo, como a podridão radicular, que podem afetar significativamente as culturas de chá.

e) **Reduz a necessidade de fertilizantes químicos**: O uso regular de vermicomposto reduz a dependência de fertilizantes químicos e pesticidas, promovendo o cultivo orgânico de chá e melhorando a saúde do solo a longo prazo.

f) **Melhoria da saúde das plantas e da qualidade do chá**: Os nutrientes e as hormonas de crescimento presentes no vermicomposto aumentam o crescimento das plantas de chá, melhorando o desenvolvimento das raízes, o tamanho das folhas e o vigor geral das plantas. Isto leva a um maior rendimento do chá e a folhas de melhor qualidade, que são cruciais para a produção de chá de qualidade superior.

g) **Redução da dependência de insumos químicos**: O vermicomposto pode reduzir a necessidade de fertilizantes sintéticos e pesticidas, diminuindo os custos para os produtores de chá e minimizando a poluição ambiental. Isto promove a sustentabilidade das plantações de chá ao melhorar a fertilidade do solo ao longo do tempo sem prejudicar o ecossistema.

h) **Melhoria do sabor e aroma do chá**: O fornecimento equilibrado de nutrientes e o crescimento saudável das plantas associado à utilização de vermicomposto pode afetar positivamente o sabor, o aroma e a cor das folhas de chá colhidas, resultando num chá de melhor qualidade.

i) **Melhora o desenvolvimento das raízes**: O húmus e as hormonas promotoras de crescimento presentes no vermicomposto estimulam o desenvolvimento das raízes das plantas de chá, levando a uma melhor absorção de nutrientes e a plantas mais saudáveis.

j) **Suprime doenças transmitidas pelo solo**: Foi demonstrado que o vermicomposto suprime certas doenças transmitidas pelo solo, reduzindo o risco de infecções como a podridão radicular e doenças fúngicas que podem afetar as plantações de chá.

Poucos aspectos relacionados com a vermicompostagem:

a) **Doses de aplicação:** As doses de aplicação do vermicomposto dependem do tipo de cultura cultivada no campo/infantário. Para as culturas frutícolas, é aplicado na bacia das árvores. Para as plantas ornamentais em vaso e para o cultivo de plântulas, o vermicomposto é adicionado à mistura de vasos. O vermicomposto deve ser utilizado como um componente do sistema integrado de fornecimento de nutrientes.

Crops	**Dose/rate**
Field crops	5-6 MT/ha
Fruit crops	3-5kg/plant
Pots	100-200g/pot

b) **Teor de nutrientes do vermicomposto:**

a. O vermicomposto é rico em nutrientes para as plantas. Fornece macroelementos vitais como N, P, K, Ca, Mg e microelementos como Fe, Zn, Cu, etc. Para além disso, contém substâncias que promovem o crescimento das plantas, tais como NAA, citocininas, gibberalinas, etc. Alberga igualmente uma microflora benéfica.

b. As minhocas também têm a capacidade de armazenar metais pesados e pesticidas nos seus tecidos. Assim, em certa medida, desempenham também um papel na desintoxicação dos solos poluídos.

c. O nível de nutrientes no composto depende da fonte da matéria-prima e da espécie de minhoca. Os nutrientes no vermicomposto estão prontamente disponíveis e são libertados no prazo de um mês após a aplicação.

c) **Parâmetros do teor de vermicomposto:**

Parameters	percentage	value
Organic Carbon	11.88	
Organic Matter	20.46	
Total Nitrogen	1.02	
Available N	0.50	
Available P	0.30	
Available K	0.24	
Ca	0.17	
Mg	0.06	
pH		6.8
C/N ration		11.64

d) Caraterísticas importantes da minhoca vermelha *(Eisenia foetida):*

Criteria	Measurement
Body length	3-10cm
Body weight	0.4-0.6g
Maturity	50-55days
Conversion rate	2.0 q/1500worms/2 months
Cocoon production	1 in every 3 days
Incubation of cocoon	20-23days
Body length	3-10cm

e) Escolher a minhoca para a vermicompostagem: *A Eisenia fetida,* também conhecida como minhoca vermelha, minhoca do tigre ou minhoca do estrume (entre outras) é a espécie de minhoca preferida para a compostagem, uma vez que estas minhocas se alimentam de materiais orgânicos como restos de comida e estrume. Outras espécies de minhocas, como a lagarta nocturna *Eudrilus eugeniae*, também funcionam, embora a minhoca vermelha tenha demonstrado ser a melhor, devido ao seu apetite voraz e à sua vitalidade em cativeiro. A minhoca vermelha é preferida devido à sua elevada taxa de multiplicação, convertendo assim a matéria orgânica em vermicomposto num prazo de 45-50 dias. Uma vez que se alimenta à superfície, converte os materiais orgânicos em vermicomposto a partir do topo.

Estima-se que existam aproximadamente 2200 minhocas adultas por kg (1000 por lb). Quando se abastece um novo poço, comece com ~1000 minhocas (1 lb) por pé cúbico de espaço de cama. Se a cama tiver 20-30 cm de profundidade, calcule 1 lb de minhocas por pé quadrado de área de superfície do solo. Para consumir e converter 1 kg de resíduos numa semana, precisamos de aproximadamente 2 kg de minhocas (aproximadamente 4000 minhocas). Se não tivermos essa quantidade de minhocas no início, não há motivo para preocupação. Apenas demorará um pouco mais para consumir os resíduos. Entretanto, as minhocas multiplicar-se-ão. Se as condições forem adequadas, elas duplicarão a sua população em 2-3 meses.

f) **Cultura-mãe para multiplicação de minhocas:** As minhocas são bissexuais, mas o modo de reprodução é a fecundação cruzada. As minhocas adultas, 15-21 dias após a cópula, põem casulos, que se parecem com sementes de coentros. Os ovos presentes no interior do casulo eclodem em neonatos em cerca de 15-21 dias. Os neonatos demoram 35-60 dias a atingir a idade adulta, que se caracteriza por uma faixa inchada junto à parte anterior do corpo. A Eudrilus eugeniae, uma das espécies utilizadas na vermicompostagem, completa o seu ciclo de vida em cerca de 65-80 dias. Coloca mais de 400 casulos em cerca de 60 dias. A vermicompostagem pode ser testada a partir de uma pequena coleção de pellets no topo dos canteiros, cerca de 45-60 dias após o início. Isto é indicativo de uma boa multiplicação de minhocas nos canteiros. Em cerca de 60 dias, o material está completamente degradado e o vermicomposto está pronto para ser colhido. A taxa de degradação depende da carga de minhocas. Quanto mais minhocas, mais rápida é a degradação. Para a multiplicação das minhocas vermífugas pode ser feito um telado de cultura mãe com 03 nºs de anéis circulares de 30" com 24" de altura e um dreno de água contínuo.

Densidade populacional: Os produtores de minhocas mantêm normalmente os seus canteiros a uma densidade entre 5 e 10 kg/m (1 a 2 lbs/i't). Isto assegura uma elevada taxa de reprodução. Operações eficientes de vermicompostagem começariam com 10 kg/m2 e tentariam obter densidades ainda maiores (Munroe, 2002). (Embora os leiras e outros sistemas de baixa tecnologia tenham estas densidades elevadas apenas em certas áreas, onde as condições ambientais estão mais próximas do ótimo, os sistemas de fluxo bem geridos operam a estes níveis ou mais elevados em toda a cama).

Materiais de vermicompostagem: Os resíduos orgânicos decomponíveis, tais como excrementos de animais, restos de cozinha, resíduos agrícolas e lixo florestal, são normalmente utilizados como materiais de compostagem. Em geral, o estrume animal, sobretudo o estrume de vaca, e os resíduos de culturas secos e picados são as principais matérias-primas. A mistura de resíduos de culturas leguminosas e não leguminosas enriquece a qualidade do vermicomposto.

g) **Tipos de vermicompostagem:** Os tipos de vermicompostagem dependem da quantidade de produto e das estruturas de compostagem.

a. *Vermicompostagem em pequena escala:* é feita para satisfazer as necessidades pessoais e o agricultor pode colher 5-10 toneladas de vermicomposto anualmente. Enquanto,

b. *Vermicompostagem em grande escala:* é efectuada à escala comercial através da reciclagem de grandes quantidades de resíduos orgânicos, com uma produção anual superior a 50 - 100 toneladas.

Métodos de vermicompostagem: A vermicompostagem é efectuada por vários métodos, entre os quais os métodos de cama e fossa são os mais comuns.

1. **Método da cama:** A compostagem é feita no chão de pucca / kachcha fazendo uma cama (nós fizemos 10x4x1,5 pés de tamanho) de mistura orgânica. Este método é fácil de manter e de praticar.

Processo -1:

Os passos seguintes são seguidos para a produção de vermicomposto:

a) **Preparar a cama de vermicompostagem**: A unidade de vermicompostagem deve estar num local fresco, húmido e com sombra. Devem ser construídos canteiros para material parcialmente decomposto com uma dimensão de 10x4x2 pés.

b) **Decomposição parcial dos materiais:** O estrume de vaca e os materiais folhosos picados são misturados na proporção de 3: 1 e são mantidos para decomposição parcial durante 15 - 20 dias.

c) **Criar a camada de material de cama**: Uma camada de 15-20 cm de bananeira cortada/folhas verdes/gramíneas deve ser mantida como material de cama no fundo da cama.

d) **Adicionar materiais orgânicos**: Colocar uma mistura de materiais orgânicos sobre a camada de cama. Manter uma proporção de 1:1 de carbono para materiais ricos em azoto para uma decomposição equilibrada. Cada cama deve conter 1500 kg de matéria-prima e o número de camas pode ser aumentado consoante a disponibilidade e as necessidades de matéria-prima.

e) **Introduzir minhocas**: A minhoca vermelha com cerca de 4 kg (4000-5000) deve ser libertada na camada superior da cama. Permitindo-lhes escavar e consumir os resíduos orgânicos. A água deve ser borrifada com lata imediatamente após a libertação das minhocas.

f) **Manter a pilha**:
   a. **Humidade**: Manter a pilha húmida (cerca de 60-70% de humidade), semelhante a uma esponja espremida. As camas devem ser mantidas húmidas por aspersão de água (a rega diária não é necessária para o vermibed. Mas a humidade de 60-70% deve ser mantida durante todo o período).
   b. **Temperatura**: Manter a temperatura entre 15-25°C (59-77°F) para uma atividade óptima dos vermes.
   c. **Aeração**: Virar ou agitar ligeiramente o composto de poucas em poucas semanas para evitar a compactação e permitir o fluxo de oxigénio. A cama deve ser virada uma vez após 15 dias para manter o arejamento e para uma decomposição correta.

g) **Colheita**: Após 45-50 dias, o composto terá um aspeto escuro e granular, com poucas partículas de alimentos identificáveis. O produto acabado pode ser 60-70% das matérias-primas utilizadas. A colheita é feita movendo o composto acabado para um lado e adicionando cama e alimentos frescos ao outro lado para encorajar as minhocas a migrarem. Uma vez separado, peneire o vermicomposto e guarde-o para utilização.

Processo-2:

Na fase inicial, escolher uma cama de tamanho 10x4x1,5 pés. As camas devem ser tratadas com Clorpirifos @ 2ml/litro de água para prevenir problemas com formigas e térmitas. Após 15 dias, encher os canteiros em camadas com resíduos orgânicos, como explicado:

Primeira camada - material vegetal *decomponível* (fundo da cama);

Segunda camada - *estrume de vaca/* estrume de exploração/ lamas de biogás;

Terceira camada - espalhar minhocas (1500-2000 em número);

Quarta camada - estrume de vaca/ estrume de exploração/ lamas de biogás;

Quinta camada - resíduos de culturas secas/material folhoso verde e suculento, mais estrume de vaca;

Sexta camada - camada *espessa* de cobertura morta com palha de cereais (topo do canteiro)

Sexta camada - estrume de vaca/estrume de quinta/lamas de biogás e minhocas espalhadas (1500-2000 em número).

Cada camada, exceto a terceira, deve ter uma espessura de 3-4 polegadas, de modo a que o material da cama seja elevado acima do nível do solo. Deve-se utilizar uma quantidade suficiente de resíduos secos e verdes. A cobertura morta no topo evita a perda de humidade e actua como uma barreira contra predadores como as aves. Os canteiros devem estar à sombra.

Medidas preventivas:

a. O chão da unidade deve ser compacto para evitar a migração das minhocas para o solo.

b. Deve ser utilizado estrume de vaca com 15-20 dias de idade para evitar o excesso de calor.

c. Os resíduos orgânicos devem estar isentos de plásticos, produtos químicos, pesticidas e metais, etc.

d. O arejamento deve ser mantido para o crescimento adequado e a multiplicação das minhocas.

e. Deve ser mantido um nível ótimo de humidade (30-40 %)

f. A temperatura de 18-25oC deve ser mantida para uma decomposição correta.

2. **Método de fosso:** A compostagem é efectuada em fossas cimentadas de tamanho 5x5x3 pés. A unidade é coberta com palha ou qualquer outro material disponível localmente. Este método não é o preferido devido à falta de arejamento, à acumulação de água no fundo e ao custo de produção mais elevado.

Colheita: Cerca de 6 toneladas de vermicomposto podem ser colhidas em dois meses a partir de 10 canteiros de 10 x 4 x 1,5 pés cada. Depois de 45-60 dias, quando a matéria-prima estiver completamente decomposta e parecer preta e granular, os canteiros estarão prontos para a colheita. Sete dias antes da colheita, a rega dos canteiros deve ser interrompida para que as minhocas das camadas superiores desçam por falta de humidade.

Os canteiros devem ser remexidos e o material recolhido em montes piramidais durante cerca de 24 horas. O composto semi-seco do topo da cama pode ser recolhido e peneirado para remover qualquer material inerte. A vermicultura concentrada (minhocas) que fica no fundo pode ser utilizada novamente para a vermicompostagem. O composto pode ser seco à sombra (12 horas), ensacado e armazenado. Ou, o composto pode ser mantido sobre um monte de estrume de vaca parcialmente decomposto para que as minhocas possam migrar do composto para o estrume de vaca. Após dois dias, o composto pode ser separado e peneirado para ser utilizado.

Uma das maiores vantagens que a compostagem convencional tem sobre a vermicompostagem é que na primeira não há necessidade de separar os trabalhadores do produto. As bactérias aeróbias que fazem a maior parte do trabalho numa leira de compostagem podem ser seguramente ignoradas quando chega a altura de espalhar o produto acabado num campo ou de o peneirar e colocar num saco. O mesmo não acontece com as minhocas: demoram demasiado tempo a reproduzir-se (em comparação com as bactérias) e, portanto, são demasiado caras para serem abandonadas com cada carga de produto. Nos sistemas descontínuos, como os leiras, é necessário fazer passar o produto por uma ceifeira-debulhadora de minhocas ou preparar o lote seguinte de leiras de forma a que as minhocas possam sair por si próprias (ver descrição na página anterior). Nenhum dos sistemas é perfeito e perdem-se sempre minhocas; no entanto, se for feito corretamente, qualquer um dos sistemas deixará minhocas suficientes para manter o sistema a funcionar e provavelmente também o suficiente para o expandir gradualmente ao longo do tempo para acomodar maiores volumes de materiais.

Métodos de colheita de minhocas: A colheita de minhocas é normalmente efectuada para vender as minhocas ou para iniciar novas camas de minhocas. A expansão da operação (novas camas) pode ser realizada dividindo as camas, ou seja, removendo uma parte da cama para iniciar uma nova e substituindo o material por novas camas e ração. No entanto, quando as minhocas são vendidas, elas são normalmente separadas, pesadas e depois transportadas num meio relativamente estéril. Para o conseguir, as minhocas devem primeiro ser separadas do material de cama e do vermicomposto. Existem três categorias básicas de métodos usados pelos produtores para colher minhocas: manual, migração e mecânica.

a. **Métodos de auto-colheita (migração):** Estes métodos, tal como alguns dos métodos utilizados na vermicompostagem, baseiam-se na tendência das minhocas para migrarem para novas regiões, quer para encontrarem novos alimentos, quer para evitarem condições indesejáveis, como a secura ou a luz.

b. **Métodos mecânicos:** As ceifeiras mecânicas são o método mais rápido e fácil de separar as minhocas do vermicomposto:

   "Colheitadeira mecânica - é um dispositivo de trommel, um cilindro rotativo com cerca de 8-10 pés de comprimento e 2-3 pés de diâmetro. As paredes do cilindro são compostas de material de peneira de diferentes tamanhos de malha. O cilindro é posto a rodar por um pequeno motor elétrico montado numa das extremidades do cilindro; na extremidade superior do trommel rotativo são adicionadas as minhocas e a sua cama (incluindo as peças fundidas). À medida que o cilindro roda, as carcaças caem através do crivo. As minhocas percorrem toda a distância do trommel e passam pela extremidade inferior para um carrinho de mão".

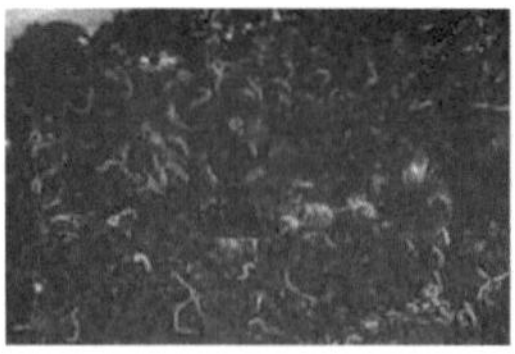

Fig.: Colheita mecânica de vermicomposto

c. **Métodos manuais:** Os métodos manuais são os utilizados por amadores e cultivadores de menor escala, particularmente aqueles que vendem minhocas para o mercado de compostagem doméstica ou de iscos. Essencialmente, a colheita manual envolve a triagem manual, ou a recolha manual das minhocas diretamente do composto. Este processo pode ser facilitado tirando partido do facto de as minhocas evitarem a luz. Se o material que contém minhocas for despejado numa pilha sobre uma superfície plana com luz.

Condições básicas para o sucesso da vermicompostagem:

a) **Meio de vida ou cama**: É qualquer material que proporcione às minhocas um habitat relativamente estável. Este habitat deve ter as seguintes caraterísticas

   a. **Alta absorção** As minhocas respiram através da pele e, por isso, têm de ter um ambiente húmido para viver. Se a pele de uma minhoca secar, ela morre. A cama deve poder absorver e reter bastante bem a água para que as minhocas se desenvolvam.

   b. **Boa capacidade de volume** Se o material for demasiado denso à partida, ou se for demasiado compacto, o fluxo de ar é reduzido. Os vermes necessitam de oxigénio para viver, tal como nós. Os diferentes materiais afectam a porosidade global da cama através de uma variedade de factores, incluindo a gama de tamanhos e formas das partículas, a textura e a resistência e rigidez da sua estrutura.

   c. **Baixo teor de proteínas e/ou azoto (elevada relação carbono: azoto)**: Embora as minhocas consumam o material de cama à medida que este se decompõe, é muito importante que este processo seja lento. Níveis elevados de proteínas/nitrogénio podem resultar numa degradação rápida e no aquecimento que lhe está associado, criando condições adversas, muitas vezes fatais. O aquecimento pode transpirar com segurança nas camadas alimentares do sistema de vermicultura ou vermicompostagem, mas não na cama.

b) **Comida para minhocas:** As minhocas do composto são grandes comedoras. Em condições normais, são capazes de comer mais do que o seu peso corporal por dia, embora a regra geral seja 1/2 do seu peso corporal por dia. Comem quase tudo o que é orgânico (isto é, de origem vegetal ou animal), mas preferem definitivamente alguns alimentos a outros.

Existem basicamente 2 métodos de alimentação e criação de minhocas:

a. **Método por lotes:** Neste sistema, enche-se completamente o recipiente com o alimento que as minhocas vão comer, quer se trate de resíduos animais ou vegetais. Adicione o número adequado de minhocas, tape e deixe-as trabalhar. Dentro de 2-3 meses, as minhocas terão consumido os alimentos e transformado os resíduos em vermicomposto rico, pronto a ser utilizado no jardim como correção do solo, composto orgânico ou meio de plantação. Contínuo

b. **Método de alimentação:** Os sistemas de fluxo contínuo são aqueles em que as minhocas são colocadas em camas, após o que são adicionados regularmente alimentos e novas camas. Este sistema é semelhante a um sistema de compostagem normal, em que se retira o composto diariamente e o adiciona à pilha de composto. A diferença aqui é que o contentor contém minhocas para consumir o composto. Com o sistema de alimentação contínua, podemos decidir qual a melhor altura para colher as minhocas e os seus excrementos.

Alimentar as minhocas:

- Folhas de chá usadas
- Restos de vegetais: resíduos de culturas
- Folhas de árvores e arbustos, e gramíneas
- Pão e cereais bolorentos
- Restos de comida não gordurosos

- Cascas de ovos esmagadas
- A maioria dos produtos de papel húmidos
- Estrume (deve ser pré-composto)

Não alimentar as minhocas:

- Não dar demasiada comida aos citrinos - não deve ser mais do que 1/5 da comida dos vermes
- Carnes, peixes
- Alimentos gordurosos
- Produtos lácteos
- Galhos e ramos

c) **Humidade:** As minhocas respiram através das suas peles; um teor de humidade na cama inferior a 50% é perigoso para as criaturas. Com exceção do calor ou do frio extremos, nada mata as minhocas mais rapidamente do que a falta de humidade adequada. O material de cama utilizado deve ser capaz de reter humidade suficiente para que as minhocas tenham um ambiente habitável.

A gama ideal de teor de humidade para materiais em sistemas de compostagem convencionais é de 45-60% (Rink et al, 1992). Em contraste, a gama ideal de teor de humidade para Vermicompostagem ou processos de vermicultura é de 70-90%. O peso médio das minhocas aumenta com o teor de humidade.

d) **Aeração:** As minhocas são respiradoras de oxigénio e não podem viver anaerobicamente (definido como a ausência de oxigénio). Quando factores como níveis elevados de gordura na matéria-prima ou humidade excessiva combinados com um arejamento deficiente conspiram para cortar o fornecimento de oxigénio, áreas da cama de minhocas, ou mesmo todo o sistema, podem tornar-se anaeróbicas. Isto mata as minhocas muito rapidamente. Não só as minhocas são privadas de oxigénio, como também são mortas por substâncias tóxicas (por exemplo, amoníaco) criadas por diferentes conjuntos de micróbios que florescem nestas condições. Esta é uma das principais razões para não incluir carne ou outros resíduos gordurosos na matéria-prima das minhocas, a menos que tenham sido pré-compostados para decompor os óleos e as gorduras. Embora as necessidades de oxigénio das minhocas de compostagem sejam essenciais, são também comparativamente moderadas.

e) **Controlo da temperatura:** O controlo da temperatura dentro dos limites de tolerância das minhocas é crucial para os processos de vermicompostagem e vermicultura. Isto não significa, no entanto, que sejam necessários edifícios aquecidos ou sistemas de refrigeração.

   a. **Temperaturas elevadas:** As minhocas de compostagem podem sobreviver a temperaturas na casa dos 30° C, mas preferem temperaturas na casa dos 20° C (° C). Acima de 35° C fará com que as

   vermes para abandonar a zona. Se não puderem sair, morrerão rapidamente. Em geral, as temperaturas mais quentes (superiores a 20° C) estimulam a reprodução.

   b. **Baixas temperaturas.** É geralmente considerado necessário manter as temperaturas acima de 10° C (mínimo) e de preferência 15° C para a eficiência da vermicompostagem e 15° C (mínimo) e de preferência 20° C para operações produtivas de vermicultura.

   c. **Efeitos da congelação.** As Eisenia podem sobreviver com os seus corpos parcialmente envoltos em material de cama congelado e só morrem quando deixam de ser capazes de consumir alimentos. Além disso, testes efectuados no Nova Scotia Agricultural College (NSAC) confirmaram que os seus casulos sobrevivem a períodos prolongados de congelação profunda e permanecem viáveis.

d. **Resposta das minhocas aos diferenciais de temperatura**: As minhocas de compostagem redistribuem-se dentro de pilhas, camas ou leiras de acordo com os gradientes de temperatura. Em leiras de compostagem ao ar livre durante o inverno, onde o calor interno da decomposição contrasta com as temperaturas externas gélidas, as minhocas encontram-se numa faixa relativamente estreita a uma profundidade onde a temperatura está próxima do ótimo. Também se encontram em muito maior número no lado sul das leiras no inverno e no lado oposto no verão.

f) **pH**: As minhocas podem sobreviver num intervalo de pH de 5 a 9 (Edwards, 1998). A maioria dos especialistas considera que as minhocas preferem um pH de 7 ou ligeiramente superior. Investigadores da Nova Escócia descobriram que o intervalo de 7,5 a 8,0 era ótimo (GEORG, 2004). Em geral, o pH dos canteiros de minhocas tende a baixar com o tempo. Se as fontes alimentares forem alcalinas, o efeito é moderado, tendendo para neutro ou ligeiramente alcalino. Se a fonte alimentar ou a cama forem ácidas (borras de café, musgo de turfa), o pH das camas pode descer muito abaixo de 7. Isto pode ser um problema em termos de desenvolvimento de pragas como os ácaros. O pH pode ser ajustado para cima através da adição de carbonato de cálcio. Nos raros casos em que é necessário ajustar o pH para baixo, podem ser introduzidas na mistura camas ácidas, como a turfa.

g) **Teor de sal:** As minhocas são muito sensíveis aos sais, preferindo teores de sal inferiores a 0,5%. Se se utilizarem algas marinhas salgadas como alimento (e as minhocas gostam de todas as formas de algas marinhas), então devem ser enxaguadas primeiro para retirar o sal que fica à superfície. Do mesmo modo, muitos tipos de estrume têm um elevado teor de sal solúvel (até 8%). Isto não constitui geralmente um problema quando o estrume é utilizado como alimento para animais, porque o material é geralmente aplicado por cima, onde as minhocas o podem evitar, até que os sais sejam lixiviados ao longo do tempo por rega ou precipitação. Se os estrumes forem utilizados como cama, podem ser lixiviados primeiro para reduzir o teor de sal. Para o efeito, basta passar água através do material durante um certo período de tempo. Se os estrumes forem pré-compostados ao ar livre, os sais não serão um problema.

h) **Efluente líquido:** No processo de produção de minhocas e fundição, existe frequentemente um efluente líquido que pode ser drenado e utilizado como fertilizante líquido. Se a cama estiver aberta para o solo, este líquido será drenado diretamente para o solo. Mas se desejarmos utilizar este subproduto, construímos um dreno na cama para o recolher.

i) **Projetar a produção de vermicomposto:** No mundo da compostagem convencional, a regra geral é que uma tonelada de insumos resulta em uma jarda cúbica de composto, cujo peso varia com o teor de humidade, mas é tipicamente cerca de ½ tonelada. Por outras palavras, 50% da massa é perdida, principalmente sob a forma de humidade e CO_2 . Perde-se algum N sob a forma de amoníaco, mas se o processo for bem gerido, a perda de N é minimizada (Rink et al, 1992). Naturalmente, o peso e o volume finais do produto variam consoante a matéria-prima original, o agente de volume utilizado, etc., mas a regra geral acima descrita é uma forma prática de calcular rapidamente a produção.

j) **Pragas e doenças da minhoca vermi:** Os vermes do composto não estão sujeitos a doenças causadas por microrganismos, mas estão sujeitos à predação por certos animais e insectos (os ácaros vermelhos são os piores) e a uma doença conhecida como "cultura azeda" causada por condições ambientais. Segue-se um breve resumo das pragas e doenças mais comuns susceptíveis de serem experimentadas

   a. **Toupeiras:** As minhocas são o alimento natural das toupeiras, por isso, se uma toupeira tiver acesso à sua cama de minhocas, pode perder muitas minhocas muito rapidamente. Normalmente, isto só é um problema quando se utilizam leiras ou outros sistemas ao ar livre nos campos. Pode ser evitado colocando algum tipo de barreira, como uma rede de arame, pavimento ou uma boa camada de argila, debaixo do leira.

b. **Os pássaros:** Normalmente não são um grande problema, mas se descobrirem os seus canteiros, virão regularmente e servir-se-ão de alguma da sua força de trabalho. A colocação de uma cobertura de leira de algum tipo sobre o material eliminará este problema. Estas coberturas também são úteis para reter a humidade e evitar uma lixiviação excessiva durante as chuvas. Um tapete velho pode ser utilizado para este fim e é muito eficaz.

c. **Centopeias:** Estes insectos comem as minhocas do composto e os seus casulos. Felizmente, não parecem multiplicar-se muito nos canteiros de minhocas ou nos leitos de minhocas, pelo que os danos são geralmente ligeiros. Se se tornarem um problema, um método sugerido para reduzir o seu número é molhar fortemente (mas não inundar completamente) os canteiros de minhocas. A água força as centopeias e outras pragas de insectos (mas não as minhocas) para a superfície, onde podem ser destruídas por meio de um maçarico de propano ou algo semelhante.

d. **As formigas:** Estes insectos são mais problemáticos porque consomem os alimentos destinados às minhocas. As formigas são particularmente atraídas pelo açúcar, pelo que evitar alimentos doces nas camas de minhocas reduz este problema a um problema menor. Manter o pH da cama acima de 7 também ajuda.

e. **Ácaros:** Existem vários tipos diferentes de ácaros que aparecem nas operações de vermicultura e vermicompostagem, mas apenas um tipo é um problema sério: os ácaros vermelhos. Os ácaros brancos e castanhos competem com as minhocas pela comida e podem assim ter algum impacto económico, mas os ácaros vermelhos são parasitas das minhocas. Sugam o sangue ou o líquido corporal das minhocas e podem também sugar o líquido dos casulos. A melhor prevenção contra os ácaros vermelhos consiste em assegurar que o pH se mantém neutro ou superior. Isto pode ser feito mantendo os níveis de humidade abaixo dos 85% e através da adição de carbonato de cálcio, conforme necessário.

f. **Colheita azeda ou envenenamento por proteínas:** Esta "doença" é na realidade o resultado de

demasiada proteína na cama. Isto acontece quando as minhocas são alimentadas em excesso. A proteína acumula-se na cama e produz ácidos e gases quando se decompõe.

g. **Inimigos naturais:** Os inimigos naturais importantes da vermicultura são as formigas, as térmitas, os vermes chatos, as centopeias, os ratos, os porcos, os pássaros, etc. As medidas preventivas incluem o tratamento do local com inseticida chlorpyriphos 20 EC @ 2 ml/ 1litro ou a mistura de bolos de neem @ 30 g/ 1kg de comida enquanto se enchem as camas.

Cálculos para a produção de vermicomposto:

Objetivo: 06 MT de vermicomposto
Matérias-primas: 12 MT (estrume de vaca e material vegetal decomponível)
Duração: 45 dias
Terreno: 1400 sft
Taxa de mão de obra/unidade: BDT 180

A. Custo das matérias-primas:

SL.	Raw materials	Quantity	Unit price	Amount (BDT)
1	Cowdung collection (MT)	8	1500	12000.00
2	Banana tree/Green jungle collection (MT)	4	500	2000.00
Subtotal		12		14000.00

B. Encargos de mão de obra:

SL.	Work description	work days	Amount (BDT)
1	Carrying banana tree/green jungle	10	1800.00
2	Chopping banana tree/green jungle	20	3600.00
3	Spreading of cowdung/green leaves	30	5400.00
4	Water sprinkled at alternative days	12	2160.00
5	Bed turning at 15 days interval	20	3600.00
6	Harvesting Vermicompost	30	5400.00
Subtotal		122	21960.00

Total cost for 6000 kg ready vermicompost (BDT)	= 35960.00 (~36000.00)
Vermicompost cost/kg (BDT)	**= 6.00**

Modelo de casa de produção de vermicomposto:

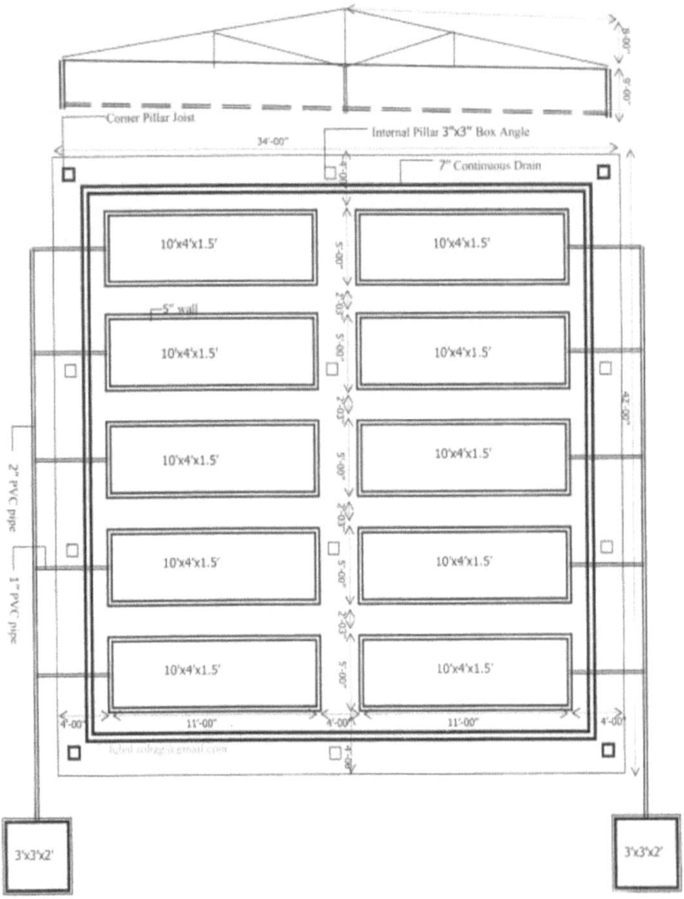

Fig: Uma casa típica de produção de vermicomposto

Modelo de sombra de cultura-mãe para produção de vermicomposto:

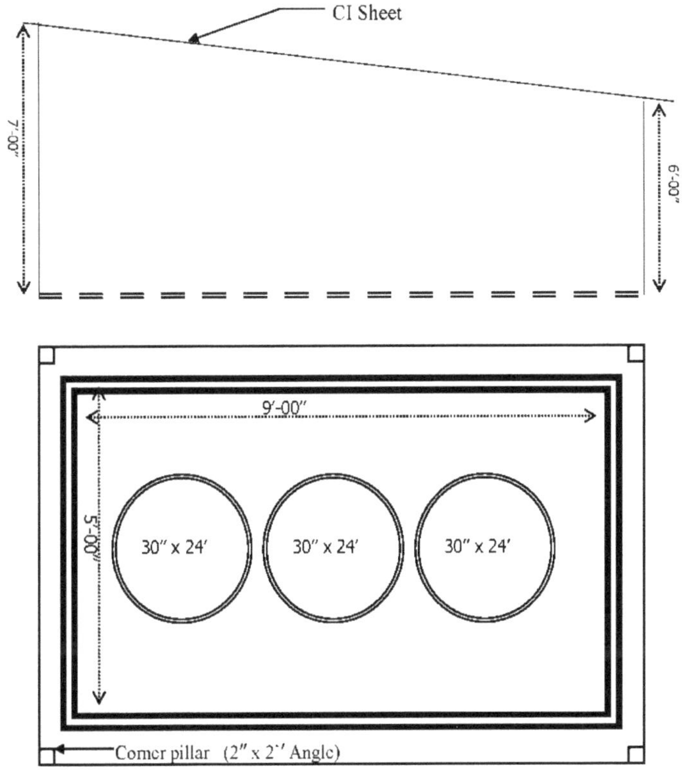

Fig.: Uma típica sombra de cultura-mãe de vermicomposto

2) PIT COMPOST:

A compostagem em fossa é um método de compostagem orgânica em que os materiais orgânicos, tais como folhas de chá, resíduos vegetais, resíduos agrícolas e outras matérias biodegradáveis, são decompostos em fossos escavados no solo. Este método é normalmente utilizado nas plantações de chá, onde a matéria orgânica é recolhida e enterrada em fossas de compostagem, permitindo a sua decomposição anaeróbia ao longo do tempo. O composto resultante é rico em nutrientes e pode ser utilizado para melhorar a fertilidade do solo e o crescimento das plantas de chá.

A compostagem em fosso é especialmente útil nas plantações de chá devido à disponibilidade contínua de resíduos orgânicos, como as podas de chá e as folhas. O composto produzido através deste método ajuda a melhorar a estrutura do solo, a retenção de água e o fornecimento de nutrientes, promovendo o crescimento saudável das plantas de chá.

Processo de compostagem em fossa:

a) **Escavação da fossa**: As covas são normalmente escavadas com 1-1,5 metros de profundidade e cerca de 1 metro de largura, dependendo da quantidade de material orgânico disponível.
b) **Camada de matéria orgânica**: A matéria orgânica, como podas de chá, folhagem e outros materiais biodegradáveis, é adicionada em camadas, alternando com solo ou composto antigo para promover uma decomposição mais rápida.
c) **Cobertura da fossa**: A fossa é coberta com uma camada de terra ou de material orgânico para manter a humidade e o calor, o que acelera a decomposição.
d) **Processo de decomposição**: O material orgânico decompõe-se ao longo de 3-6 meses, dependendo dos níveis de humidade, da temperatura e da quantidade de material adicionado.

e) **Colheita do composto**: Quando o material estiver totalmente decomposto, o composto rico em nutrientes é extraído e aplicado nas plantas de chá para aumentar a fertilidade do solo.

Benefícios da compostagem em fossa:

a) **Melhora a fertilidade do solo**: O composto de fossa fornece ao solo um fornecimento constante de nutrientes como o azoto, o fósforo e o potássio, que são cruciais para o crescimento e a produtividade das plantas de chá.
b) **Melhora a estrutura do solo**: A matéria orgânica melhora a textura do solo, aumenta a retenção de água e promove o arejamento, essencial para as raízes das plantas de chá.
c) **Económica e sustentável**: A compostagem em fossa reduz a necessidade de fertilizantes químicos, promove a agricultura sustentável e utiliza os resíduos orgânicos no local.
d) **Reduz a erosão do solo**: Ao melhorar a estrutura do solo, o composto de poço ajuda a reduzir a erosão, o que é benéfico em áreas montanhosas de plantação de chá.

3) COMPOSTO ORGÂNICO AMONTOADO:

O composto orgânico amontoado refere-se a um método de compostagem em que os materiais orgânicos, como as podas de chá, as ervas verdes macias, a folhagem e o estrume de vaca, são empilhados numa pilha acima do solo, permitindo a decomposição aeróbica. Esta é uma prática comum nas plantações de chá devido à produção contínua de resíduos orgânicos. O processo é mais rápido do que a compostagem em fossa porque envolve a rotação da pilha para aumentar o fluxo de oxigénio, o que promove a atividade microbiana e acelera a decomposição da matéria orgânica.

A compostagem transforma os resíduos orgânicos brutos em material semelhante ao húmus através da atividade dos microrganismos do solo. O composto maduro armazena-se bem e é biologicamente estável, isento de odores desagradáveis e mais fácil de manusear e menos volumoso do que os resíduos orgânicos brutos. Nas operações agronómicas e hortícolas, o composto pode ser utilizado como corretor do solo, sementeira ou fertilizante natural, dependendo das suas caraterísticas. A compostagem pode também reduzir ou eliminar sementes de ervas daninhas e agentes patogénicos das plantas nos resíduos orgânicos.

A compostagem orgânica em pilhas é um método eficaz para produzir fertilizante orgânico de alta qualidade que melhora a estrutura do solo, o teor de nutrientes e o crescimento das plantas nas plantações de chá. É um método eficiente e sustentável para gerir os resíduos orgânicos nas plantações de chá.

Utilização e benefícios do composto orgânico amontoado em viveiros:

O uso de composto orgânico amontoado no solo: composto orgânico amontoado / proporção 4:1 (ou vermicomposto na proporção 5:1) misturado com o solo em mérito ao enchimento de politubos para estacas VP ou mudas e uso judicial no canteiro de mudas impulsionou o desenvolvimento das raízes das plantas e o crescimento dos brotos.

No entanto, o composto orgânico amontoado proporciona muitos benefícios como corretor do solo e fonte de matéria orgânica, melhorando as caraterísticas biológicas, químicas e físicas do solo:

a) Aumenta a atividade microbiana
b) Melhora a supressão de doenças das plantas
c) Aumenta a fertilidade do solo
d) Aumenta a capacidade de troca catiónica
e) Melhora a estrutura do solo em solos argilosos

Benefícios do composto orgânico amontoado em plantações de chá:

a) **Melhora a fertilidade do solo**: O composto adiciona nutrientes essenciais como o azoto, o fósforo, o potássio e os oligoelementos ao solo, promovendo plantas de chá mais saudáveis e produtivas.

b) **Melhora a estrutura do solo**: O composto orgânico amontoado melhora o arejamento do solo, a porosidade e a capacidade de retenção de água, que são fundamentais para as plantas de chá de raízes profundas que requerem solos bem drenados.
c) **Aumenta a atividade microbiana**: A compostagem incentiva o crescimento de microrganismos benéficos no solo, melhorando o ciclo de nutrientes e aumentando a biodisponibilidade dos nutrientes para as plantas de chá.
d) **Gestão sustentável de resíduos**: A compostagem em pilhas ajuda as plantações de chá a gerir eficazmente os seus resíduos orgânicos, transformando-os num recurso valioso e reduzindo a dependência de fertilizantes químicos.
e) **Rentável**: O processo é relativamente económico, uma vez que utiliza materiais orgânicos disponíveis no local. Isto reduz a necessidade de fertilizantes químicos dispendiosos e apoia as práticas de agricultura biológica.

Produção de composto orgânico amontoado:

a) **Recolha de resíduos orgânicos**: Os materiais orgânicos, tais como folhas de chá podadas, caules, folhagem e outros resíduos agrícolas são recolhidos da plantação.
b) **Formação da pilha**: Os materiais são empilhados em montes com cerca de 1-1,5 metros de altura. O monte é constituído por camadas de materiais verdes (ricos em azoto), tais como folhas e caules frescos, e materiais castanhos (ricos em carbono), tais como folhas secas e pequenos ramos. A compostagem em pilha também pode ser feita na fossa do solo com 5'-6' de largura, 8'-10' de comprimento e 4'-4,5' de profundidade perto de secções de chá em pousio.

Os passos seguintes podem ser seguidos para a preparação do composto amontoado:

a. *Primeira camada* - 1" esterco de vaca/estrume de quinta
b. *Segunda camada - 1*' material vegetal decomponível
c. *Terceira camada - 1*" esterco de vaca/estrume de quinta
d. *Quarta camada - 1*' de material vegetal em decomposição; desta forma, amontoar o material em decomposição até uma altura de 4'-4,5'
e. *Camada final - 1*" de solo e coberta com folha de plástico. E no meio deve ficar um tubo de plástico ou bambu perfurado para escoar os efluentes.

c) **Cobrir**: Cobrir a pilha com uma lona, um tapete velho ou polietileno preto para reter o calor e a humidade e evitar que os nutrientes sejam arrastados pela chuva.
d) **Manutenção da humidade e do arejamento**: A pilha é mantida húmida, mas não encharcada, uma vez que a humidade adequada é crucial para a decomposição. A pilha é virada de poucas em poucas semanas para garantir um arejamento adequado, o que acelera a atividade microbiana e evita condições anaeróbicas.
e) **Período de decomposição**: A pilha é deixada a decompor-se durante 3-6 meses. O revolvimento da pilha assegura uma decomposição uniforme e ajuda a evitar os maus cheiros que podem surgir da decomposição anaeróbia.
    a. Normalmente, desta forma, é possível produzir composto orgânico de boa qualidade a partir desta pilha no prazo de 90 dias.
    b. 8-10kg cada de Ureia, MOP e TSP, num total de 24-30kg de mistura de fertilizantes, podem ser aplicados na pilha, o que pode reduzir o tempo de decomposição para 60-65 dias, mas se EM (Microrganismo Eficaz) puder ser usado, então o tempo de decomposição será reduzido para 40-45 dias.
f) **Colheita do composto**: Após a decomposição, a pilha transforma-se num composto escuro e friável, rico em nutrientes e matéria orgânica, que é depois utilizado como fertilizante natural na plantação de chá.

4) COMPOSTO ORGÂNICO A PARTIR DE RESÍDUOS DA FÁBRICA DE CHÁ:

O composto orgânico proveniente de resíduos de fábricas de chá refere-se ao composto produzido com materiais de resíduos orgânicos gerados durante o processamento do chá. Estes resíduos, incluindo pó de chá, restos de folhas de chá, caules e outros resíduos vegetais, são ricos em matéria orgânica e nutrientes. Ao compostar estes subprodutos, as plantações de chá podem reciclar os resíduos e transformá-los em fertilizantes orgânicos valiosos, promovendo uma agricultura sustentável e reduzindo o impacto ambiental da eliminação de resíduos.

Os resíduos da fábrica de chá, se não forem geridos corretamente, podem contribuir para a poluição ou para a sobrecarga dos aterros. No entanto, a compostagem transforma estes resíduos num corretor de solo rico em nutrientes que melhora a estrutura do solo, a fertilidade e a atividade microbiana. Esta prática alinha-se com os princípios da agricultura biológica, reduzindo a necessidade de fertilizantes químicos e promovendo a sustentabilidade ambiental no cultivo do chá.

Materiais para composto orgânico a partir de resíduos de fábricas de chá:

a) **Resíduos de chá degradáveis:** Resíduos de chá biodegradáveis incorporados por fungos e excessivamente fermentados que se formam nas máquinas da fábrica de chá e no secador de chá durante as operações e a limpeza.
b) **Caules e restos de folhas de chá**: Resíduos das folhas e caules do chá que não são utilizados para a produção.
c) **Pó e finos de chá**: Partículas minúsculas e poeiras recolhidas durante o processamento do chá.

Benefícios do composto orgânico proveniente dos resíduos da fábrica de chá:

a) **Reciclagem de nutrientes**: Os resíduos da fábrica de chá contêm matéria orgânica, azoto e oligoelementos, que são benéficos para a fertilidade do solo. A compostagem devolve estes nutrientes ao solo.

b) **Gestão sustentável dos resíduos**: a compostagem orgânica dos resíduos degradáveis da fábrica ajuda a gerir eficazmente os resíduos orgânicos provenientes da fábrica de chá, transformando-os num recurso valioso e reduzindo a dependência de fertilizantes químicos. A compostagem reduz a quantidade de resíduos enviados para aterros e minimiza a pegada ambiental da produção de chá.
c) **Melhoria da saúde do solo**: O composto orgânico melhora a estrutura do solo, aumenta a retenção de água e melhora a atividade microbiana, o que favorece a saúde das plantas para chá.

d) **Redução de insumos químicos**: Ao utilizar composto orgânico, a dependência de fertilizantes sintéticos e pesticidas é minimizada, contribuindo para uma abordagem agrícola mais sustentável.

e) **Agricultura sustentável**: A utilização dos resíduos da fábrica de chá na compostagem é um sistema de ciclo fechado, em que os produtos residuais são reutilizados para nutrir as próprias plantas que os geraram.

Processo de fabrico de composto orgânico a partir de resíduos da fábrica de chá:

a) **Recolha de resíduos**: Os resíduos orgânicos gerados na fábrica de chá, tais como pó de chá, restos de folhas e caules, são recolhidos.

b) **Compostagem**: Os resíduos recolhidos são depositados numa fossa/casa de resíduos de chá com sombra durante o período de processamento do chá e sujeitos a compostagem controlada. O arejamento, o controlo da humidade e o revolvimento ocasional da pilha de composto são importantes para a decomposição.

c) **Decomposição**: Com o tempo, a atividade microbiana decompõe os resíduos em composto rico em húmus. Podem também ser utilizados bio-inoculantes para acelerar o processo.

   8-10kg cada de Ureia, MOP e TSP, num total de 24-30kg de fertilizante e 10-15kg de mistura de Dolomite (mineral carbonatado) podem ser aplicados aos resíduos de chá em intervalos de 30 dias, o que pode reduzir o tempo de decomposição e enriquecer os elementos nutritivos.

Aplicação: Uma vez completamente decomposto, o composto orgânico é aplicado na plantação de chá, melhorando a fertilidade do solo e promovendo o crescimento das plantas. Esta prática apoia a certificação orgânica e os objectivos de sustentabilidade.

5) FERTILIZANTE PARA PEIXES

O fertilizante de peixe é um fertilizante orgânico derivado de peixe inteiro ou de subprodutos de peixe, como espinhas, escamas e resíduos de peixe. É normalmente transformado em forma líquida ou em pó e utilizado para promover o crescimento das plantas devido ao seu elevado teor de nutrientes, particularmente azoto, fósforo e potássio (NPK), que são vitais para a saúde das plantas.

Os fertilizantes para peixes são uma excelente fonte de azoto de libertação lenta e de outros nutrientes que ajudam as plantas a crescer vigorosamente, especialmente quando utilizados em práticas de jardinagem biológica.

As plantas absorvem os elementos essenciais do solo. Se houver alguma deficiência desses elementos, usamos fertilizantes para melhorar a condição. O fertilizante de peixe é um desses fertilizantes orgânicos que não só é a fonte de nutrientes para a planta, mas também alimenta os microorganismos que, em última análise, melhoram a condição e a fertilidade do solo. Para além do NPK e de muitos micronutrientes, o peixe também contém óleos importantes, aminoácidos, vitaminas, hormonas e enzimas que suportam o solo biologicamente ativo.

Principais nutrientes e benefícios:

a) **Fósforo (P)**: Apoia o desenvolvimento das raízes, a produção de flores e os processos energéticos gerais das plantas.
b) **Potássio (K)**: Aumenta a imunidade das plantas, ajuda no desenvolvimento de caules fortes e melhora a resistência a doenças e stress ambiental.
c) **Micronutrientes**: Para além dos nutrientes principais, os fertilizantes para peixes também fornecem micronutrientes essenciais, como o cálcio, o magnésio e o enxofre, que contribuem para a saúde geral das plantas.
d) **Aminoácidos**: Os fertilizantes de peixe também contêm aminoácidos que actuam como estimulantes naturais do crescimento, melhorando a saúde

do solo e promovendo a atividade microbiana benéfica.

Ingredientes para o fertilizante para peixes:

Se se optar pela produção de fertilizante de peixe em grande escala, dever-se-á ter em conta o custo, a nutrição e a disponibilidade dos ingredientes. Para a preparação de fertilizante de peixe devem ser necessários os seguintes factores

a) **Peixe:** qualquer tipo de peixe serve. Os peixes pequenos terão a preferência (os peixes pequenos têm espinhas finas que fornecem elementos minerais essenciais, por exemplo, cálcio). Os peixes marinhos fornecem proteínas, lípidos e energia Água (água: peixe) - 3:1

b) **Melaço/açúcar em bruto -** 1/3 do peixe

c) **Banana** cortada em pedaços pequenos - conforme necessário

d) **Iogurte** (as bactérias participarão no processo de fermentação rápida) - conforme necessário

Procedimento para preparar o fertilizante para peixes:

a) Levar pelo menos 1 kg de peixe.

b) Adicionar 3 litros de água (exceto água clorada que destruirá os microrganismos)

c) Adicionar banana e iogurte conforme necessário

d) Misturar todos os ingredientes com 330g de melaço ou açúcar bruto

e) Guarde a mistura num recipiente, tape-a ligeiramente e deixe-a intocada durante 4 semanas.

f) Após este período de tempo, abrir a tampa e observar o cheiro dentro do recipiente. Se o cheiro for parecido com o de vinagre em vez de mau cheiro, então devemos entender que o fertilizante de peixe está pronto.

g) Retirar os resíduos e transferir o líquido para outro recipiente para utilização posterior.

Benefícios do fertilizante para peixes:

a) **Fonte de nutrientes:** O fertilizante de peixe contém macronutrientes essenciais como o azoto (N), o fósforo (P) e o potássio (K), que são vitais para o crescimento das plantas:

a. **O azoto** promove o crescimento vigoroso da folhagem,
b. **O fósforo** aumenta o desenvolvimento das raízes e a floração e
c. **O potássio** melhora a saúde geral das plantas e a resistência ao stress. Fornece também minerais vestigiais como o cálcio, o magnésio e o enxofre, que apoiam ainda mais as funções das plantas.

b) **Promove a atividade microbiana do solo:** O fertilizante de peixe aumenta a atividade dos microorganismos benéficos do solo. Estes micróbios ajudam a decompor a matéria orgânica, tornando os nutrientes mais disponíveis para as plantas. Os microbiomas saudáveis do solo também melhoram a estrutura do solo, ajudando no crescimento das raízes e na retenção de água.

c) **Favorece a imunidade das plantas:** Os aminoácidos e outros compostos naturais dos fertilizantes de peixe melhoram a resistência das plantas às doenças e ao stress. Isto leva a que as plantas sejam mais fortes e resistentes, capazes de resistir a stresses ambientais como a seca ou as pragas.

d) **Melhora a saúde e a estrutura do solo:** O fertilizante de peixe melhora o conteúdo de matéria orgânica no solo, aumentando a fertilidade do solo. Com o tempo, isto aumenta a retenção de água, reduz a compactação do solo e melhora o arejamento, promovendo sistemas de raízes saudáveis.

e) **Nutrientes de libertação lenta:** Ao contrário dos fertilizantes sintéticos, os fertilizantes de peixe libertam os nutrientes lentamente. Esta libertação constante de nutrientes assegura um crescimento contínuo sem causar a queima de nutrientes ou danos ambientais por excesso de fertilização.

f) **Sustentável e amigo do ambiente:** Como fertilizante orgânico, os produtos à base de peixe são uma opção mais sustentável do que os fertilizantes sintéticos, que podem causar a degradação do solo e a poluição através do escoamento. Os fertilizantes de peixe são biodegradáveis e contribuem para a saúde do solo a longo prazo.

Como funciona o fertilizante de peixe: Os fertilizantes de peixe melhoram a saúde do solo, incentivando a atividade microbiana, que por sua vez ajuda a decompor a matéria orgânica, tornando os nutrientes mais facilmente disponíveis para as plantas. Isto pode melhorar a estrutura do solo, a retenção de água e a resistência das plantas.

Aplicação: O fertilizante para peixes pode ser aplicado como um spray foliar ou diretamente no solo. É adequado para a maioria das plantas, incluindo legumes, frutas e flores. Uma vez que é de libertação lenta, proporciona um fornecimento constante de nutrientes ao longo do tempo.

Dose de aplicação: A taxa de aplicação recomendada para o solo é de 10 galões/acre e para pulverização foliar é de 5 galões/acre. O produto é um concentrado e deve ser diluído pelo menos 1:10 com água para aplicação no solo e 1:50 para tratamento de plantas/foliar.

6) ADUBO VERDE:

O adubo verde refere-se à prática de cultivar certas plantas especificamente com o objetivo de melhorar a fertilidade, o teor de matéria orgânica e a estrutura do solo. Estas plantas são tipicamente leguminosas ou outras espécies de crescimento rápido que são aradas de volta ao solo antes de amadurecerem completamente, servindo como fertilizante natural. Nas plantações de chá, o adubo verde ajuda a melhorar a fertilidade do solo, a manter a humidade, a suprimir as ervas daninhas e a promover práticas agrícolas sustentáveis.

Nas plantações de chá, as culturas de adubo verde são frequentemente plantadas entre as linhas de chá ou durante a época baixa. As plantas mais comuns utilizadas como adubo verde nas plantações de chá incluem leguminosas como *a Crotalaria* Bogomedola *(Tephrosia candida),* Crotalaria *(Crotalaria anagyroides),* Guatemala *(Tripsacum laxum),* Arahar *(Cajamus cajan)*, etc. e não leguminosas: *Tagetes erecta* (calêndula), *Brassica juncea* (mostarda da

Índia). Estas culturas fixam o azoto no solo através da simbiose com bactérias fixadoras de azoto, melhorando o teor de nutrientes do solo. Além disso, melhoram a estrutura do solo, aumentam a matéria orgânica e apoiam a atividade microbiana, o que contribui para plantas de chá mais saudáveis.

Benefícios da cultura de adubo verde:

a) **Melhoria da fertilidade do solo:** As culturas de adubo verde, em particular as leguminosas, podem fixar o azoto atmosférico no solo através de uma relação simbiótica com as bactérias Rhizobium. Isto melhora a disponibilidade de azoto, um nutriente essencial para as plantas de chá.

b) **Adição de matéria orgânica:** As culturas de adubo verde adicionam matéria orgânica ao solo à medida que se decompõem. Isto aumenta o húmus do solo, melhorando a capacidade de retenção de água e o arejamento do solo. A estrutura melhorada do solo promove a penetração das raízes das plantas de chá.

c) **Aumento dos** microrganismos **e da sua atividade no solo:** Os microrganismos benéficos vivem e trabalham à volta das raízes das plantas de adubo verde no solo. Ajudam as plantas a apanhar e a criar nutrientes no solo. A fertilidade não é apenas para a planta, mas ajuda a tornar o solo rico. Os microrganismos ajudam as plantas e o solo e, em contrapartida, os adubos verdes ajudam a proteger os microrganismos de serem danificados pelo sol, vento, chuva, lixiviação, etc.

d) **Supressão de ervas daninhas:** As culturas de adubo verde podem ajudar a suprimir o crescimento de ervas daninhas, sombreando o solo e competindo com as ervas daninhas pelos recursos. Isto reduz a dependência de herbicidas químicos, apoiando práticas ecológicas nas plantações de chá.

e) **Gestão de pragas e doenças:** Certas culturas de adubos verdes libertam compostos que podem atuar como pesticidas naturais ou nematicidas (por exemplo, as espécies de *Tagetes* podem reduzir eficazmente as populações de nemátodos). Estes compostos bioactivos podem ajudar a controlar as pragas e doenças transmitidas pelo solo, reduzindo a necessidade de medidas químicas de controlo das pragas.

f) **Controlo da erosão:** Nas plantações de chá em declive, a erosão do solo é um desafio significativo. As culturas de adubo verde (por exemplo, *Calopogonium*) proporcionam uma cobertura do solo, evitando a erosão do solo através da redução do escoamento da água e da estabilização do solo. Isto é especialmente importante em áreas com chuvas fortes.

g) **Redução de custos:** Ao aumentar naturalmente a fertilidade do solo, os adubos verdes reduzem a dependência de fertilizantes sintéticos. Isto resulta em poupanças de custos a longo prazo, particularmente em sistemas de agricultura biológica ou de chá com poucos factores de produção.

7) **COMPOSTO DE FOLHAGEM:**

O composto de folhagem refere-se ao composto feito de folhas caídas e outros materiais orgânicos (como folhas de chá, ramos e resíduos de plantas) que se decompõem naturalmente para formar uma matéria orgânica rica em nutrientes. Este composto é depois aplicado às plantas de chá como fertilizante natural, melhorando a fertilidade, a estrutura e a retenção de humidade do solo e reduzindo a necessidade de fertilizantes químicos.

Nas plantações de chá, o composto de folhagem desempenha um papel fundamental na criação de um sistema agrícola sustentável e amigo do ambiente. As grandes quantidades de detritos orgânicos gerados, especialmente a partir da poda dos arbustos de chá, são ideais para a compostagem. O processo de decomposição transforma estes materiais em húmus, que é rico em nutrientes essenciais como o azoto, o fósforo e o potássio - componentes essenciais para o crescimento das plantas do chá.

Benefícios do composto de folhagem:

a) **Reciclagem de nutrientes**: O composto de folhagem devolve nutrientes essenciais ao solo, minimizando a necessidade de fertilizantes sintéticos.

b) **Melhoria da saúde do solo**: Melhora a estrutura do solo, aumenta a atividade microbiana e melhora a retenção de água.

c) **Práticas sustentáveis**: Ao utilizar os resíduos orgânicos gerados na plantação, promove práticas agrícolas circulares e reduz os resíduos.

d) **Supressão de ervas daninhas e controlo da erosão**: O composto também ajuda a suprimir o crescimento de ervas daninhas e evita a erosão do solo em terrenos inclinados, que são comuns em áreas de cultivo de chá.

Processo de fabrico de composto de folhagem:

a) **Recolha de folhagem**: As folhas caídas e outros materiais orgânicos são recolhidos durante a época de poda.

b) **Compostagem**: Estes materiais são amontoados, por vezes misturados com outros resíduos orgânicos, como estrume de gado ou plantas de adubo verde, e deixados a decompor-se durante vários meses.

c) **Aplicação**: Uma vez completamente compostado, o material é aplicado como cobertura vegetal ou lavrado no solo à volta das plantas de chá.

8) <u>BIO-COMPOSTO:</u>

O biocomposto refere-se a um tipo de composto orgânico produzido através da decomposição de materiais biológicos, frequentemente auxiliado por atividade microbiana ou enzimática. Inclui resíduos orgânicos, tais como resíduos vegetais, estrume animal, adubo verde e, por vezes, bio-inoculantes (microrganismos) que aceleram o processo de decomposição. O composto resultante é rico em nutrientes, húmus e micróbios benéficos, e é utilizado como fertilizante natural para aumentar a fertilidade do solo, melhorar a saúde das plantas e reduzir a dependência de factores de produção químicos.

Nas plantações de chá, o bio-composto é feito a partir de vários materiais orgânicos gerados no local, tais como folhas de chá podadas, ramos, culturas de adubo verde e resíduos animais, que são todos compostados em conjunto. Este método faz parte integrante das práticas de cultivo de chá orgânico e sustentável, uma vez que ajuda a manter a estrutura do solo, a promover a atividade microbiana e a aumentar o teor de matéria orgânica do solo.

Principais benefícios do Bio-composto:

a) **Enriquecimento do solo**: O bio-composto enriquece o solo com nutrientes essenciais (azoto, fósforo e potássio) e matéria orgânica, cruciais para o crescimento das plantas de chá.

b) **Atividade microbiana**: Aumenta a população de micróbios benéficos no solo, o que ajuda no ciclo de nutrientes, na decomposição e no desenvolvimento das raízes das plantas.

c) **Agricultura sustentável**: A utilização de bio-composto reduz a dependência de fertilizantes químicos e promove uma abordagem agrícola amiga do ambiente, apoiando a saúde do solo a longo prazo.

d) **Resistência a pragas e doenças**: Os agentes biológicos presentes no bio-composto ajudam frequentemente a suprimir as doenças e pragas transmitidas pelo solo, beneficiando ainda mais a saúde das plantas de chá.

Composição do Bio-Composto:

a) **Resíduos vegetais**: Folhas de chá podadas, plantas de adubo verde e outros resíduos vegetais.

b) **Estrume animal**: Esterco de vaca ou outro estrume animal, que serve como fonte de azoto.

c) **Bio-inoculantes**: Microorganismos (como *Azotobacter* ou *Rhizobium)* ou enzimas que melhoram a decomposição e a libertação de nutrientes.

d) **Aditivos orgânicos**: Por vezes, são adicionados materiais como farinha de ossos ou bagaço de neem para enriquecer ainda mais o composto.

Processo de Bio-Composto:

a) **Recolha de matérias-primas**: São recolhidas matérias orgânicas, tais como podas de folhas de chá, resíduos de plantas e estrume animal.

b) **Processo de compostagem**: Os materiais são misturados e inoculados com bioinoculantes para acelerar a decomposição. A pilha é revolvida regularmente para garantir o arejamento.

c) **Maturação**: Após alguns meses, o composto amadurece e está pronto para ser aplicado na plantação de chá.
d) **Aplicação**: O bio-composto é espalhado como cobertura vegetal ou misturado no solo à volta dos arbustos de chá para proporcionar uma libertação sustentada de nutrientes.

PARTE 2
FORMULAÇÕES PARA O CONTROLO BIOLÓGICO DE PRAGAS E DOENÇAS UTILIZANDO CONHECIMENTOS TÉCNICOS INDÍGENAS (ITK)

CAPÍTULO 3: FORMULAÇÕES PARA O CONTROLO BIOLÓGICO DE PRAGAS E DOENÇAS UTILIZANDO CONHECIMENTOS TÉCNICOS INDÍGENAS (ITK)

Os Conhecimentos Técnicos Indígenas (CTI) referem-se aos conhecimentos e práticas tradicionais desenvolvidos pelas comunidades indígenas ao longo de gerações para gerir culturas, pragas e doenças de forma sustentável. Estas práticas baseiam-se em recursos naturais disponíveis localmente e têm sido amplamente utilizadas na agricultura biológica, incluindo nas plantações de chá, para o controlo de pragas e doenças.

A ITK evoluiu ao longo de gerações e baseia-se num profundo conhecimento dos ecossistemas locais, dos padrões climáticos e das interações entre plantas e insectos. Nas plantações de chá, o ITK baseia-se frequentemente em práticas orgânicas e sustentáveis que se alinham com o equilíbrio ecológico e minimizam a utilização de químicos sintéticos.

Algumas formulações de controlo biológico de pragas e doenças utilizando ITK -

1) Formulações à base de Neem *(Azadirachta indica)*
2) Panchagavya (Cinco produtos da vaca)
3) Formulação de controlo orgânico de P&D utilizando ITK
4) Formulação à base de plantas para repelente de pragas de chá utilizando ITK
5) Formulação de urina de vaca e leitelho para repelente de pragas (ITK)
6) Formulação à base de ITK de urina e estrume de vaca
7) Decocção de tabaco Formulação à base de ITK
8) Cinzas de madeira como ITK
9) Vinagre de madeira (ácido pirolenhoso) como ITK

Vantagens do ITK na plantação de chá:

a) **Amigo do ambiente**: Os métodos ITK utilizam materiais naturais e biodegradáveis, minimizando a poluição ambiental e os resíduos químicos nas folhas de chá.
b) **Económicas**: As práticas ITK baseiam-se em materiais disponíveis localmente, reduzindo a necessidade de produtos químicos sintéticos dispendiosos.
c) **Sustentável**: O ITK promove o equilíbrio ecológico a longo prazo, incentivando a biodiversidade e reduzindo a resistência das pragas aos tratamentos.
d) **Mais seguro para trabalhadores e consumidores**: Uma vez que as formulações da ITK não são tóxicas, garantem condições de trabalho mais seguras para os agricultores e produzem chá sem resíduos de pesticidas nocivos.

1) FORMULAÇÕES À BASE DE NEEM *(Azadirachta indica):*

O Neem *(Azadirachta indica)* tem sido amplamente estudado e utilizado como agente biológico de controlo de pragas em vários sistemas agrícolas, incluindo as plantações de chá. Os produtos à base de Neem são alternativas ecológicas aos pesticidas químicos, oferecendo um controlo eficaz das pragas e minimizando os impactos ambientais nocivos.

A árvore de neem foi introduzida e estabeleceu-se devido à sua utilização polivalente, como a sua robustez, sombra durante todo o ano e múltiplos produtos lenhosos e não lenhosos. Pode ser utilizada em quebra-ventos, plantações de lenha e sistemas silvo-pastoris, especialmente em zonas secas e solos inférteis, rochosos, arenosos ou pouco profundos. Há muito que as pessoas reconhecem que as folhas, a casca, a madeira e o fruto da árvore de neem repelem ou desencorajam as pragas de insectos e incorporam estas partes da planta na preparação tradicional do solo, no armazenamento de cereais e nas práticas de criação de animais. Através de análises químicas mais recentes, foram identificados os compostos activos presentes nos tecidos da nim. Foram desenvolvidos e aprovados para distribuição comercial em alguns países vários produtos de controlo biológico de pragas (BPC) à base de neem. A árvore de nim pode constituir um recurso económico de gestão integrada das pragas (IPM) para os agricultores, a matéria-prima para pequenas empresas rurais ou o desenvolvimento de indústrias baseadas no nim.

A incorporação do Neem na gestão das plantações de chá oferece uma solução eficaz, sustentável e amiga do ambiente para o controlo de pragas, complementando os objectivos da moderna cultura do chá de reduzir os produtos químicos e manter o equilíbrio do ecossistema.

Compostos activos do Neem:

Os compostos activos do neem, principalmente a azadiractina, juntamente com a salanina, a nimbina e outros limonóides, têm múltiplas propriedades pesticidas:

a) ***Efeito antifeedante:*** Inibe o comportamento alimentar das pragas.
b) ***Regulador de crescimento:*** Perturba o sistema hormonal dos insectos, inibindo a muda e as funções reprodutivas.
c) ***Dissuasor de oviposição:*** Evita que os insectos ponham ovos nas superfícies tratadas.
d) ***Agente repelente e esterilizante:*** Actua como repelente e pode também esterilizar os insectos, reduzindo as suas populações.

Os ingredientes activos do Neem têm impacto nas pragas:

Os extractos de Neem podem ser feitos a partir das folhas e de outros tecidos, mas as sementes contêm as concentrações mais elevadas de azadiractina.

A azadiractina foi identificada como o principal composto ativo do neem. Actua sobre os insectos repelindo-os, inibindo a alimentação e perturbando o seu crescimento, metamorfose e reprodução. As formulações à base de neem não costumam matar os insectos diretamente, mas podem alterar o seu comportamento de forma significativa para reduzir os danos causados pelas pragas às culturas e reduzir o seu potencial de reprodução. A azadiractina afecta a fisiologia dos insectos imitando uma hormona natural. Foi demonstrado que afecta a produção de ovos e as taxas de eclosão. Nas larvas, a azadiractina pode inibir a muda, impedindo-as de se transformarem em pupas.

Muitas espécies que se alimentam da folhagem evitarão as plantas tratadas com compostos de neem ou deixarão de comer depois de os ingerirem. A sua eficácia como antifeedante foi comprovada em cerca de 100 espécies de insectos. Assim, os extractos funcionam especialmente bem para proteger as plantas da desfoliação sem afetar os insectos polinizadores benéficos, como as abelhas.

Overall tests of neem extracts have shown results on about 300 insect species, mostly in the Orthoptera (grasshoppers, katydids, etc.); Homoptera (aphids, leafhoppers, etc.); Dictyoptera (baratas e mantides); Lepidoptera (traças e borboletas); Heteroptera (insectos verdadeiros); Diptera (moscas); Coleoptera (escaravelhos e gorgulhos); Hymenoptera (abelhas, vespas e formigas); Isoptera (térmitas); Thysanoptera (tripes) e Siphonaptera (pulgas). Mesmo os extractos de neem produzidos de forma grosseira podem proporcionar um excelente controlo de lagartas e larvas de escaravelhos, e são eficazes contra gafanhotos, minadores de folhas e cigarrinhas das folhas e das plantas. As preparações de neem produzidas comercialmente podem suprimir uma vasta gama de pragas, incluindo insectos, centopeias, milípedes, ácaros e nemátodos.

Preparação de extractos de neem:

As sementes maduras devem ser colhidas das árvores e as sementes devem ser despolpadas, lavadas e secas o mais rapidamente possível após a colheita. As sementes devem ser secas à sombra durante 3-7 dias. As sementes devem ser controladas e as que estiverem contaminadas por bolor ou fungos devem ser rejeitadas. As sementes secas são depois finamente trituradas num almofariz ou num moinho. Cerca de 500 g de sementes trituradas devem ser misturadas com 10 litros de água e a mistura deve ser deixada em repouso durante a noite. No dia seguinte, a mistura deve ser filtrada através de um pano fino ou de uma gaze. A mistura está então pronta para ser aplicada diretamente nas culturas através de um pulverizador. A mistura não deve ser aplicada mais do que uma vez por semana, e tratamentos a cada 10-15 dias são geralmente adequados para o controlo de problemas normais de pragas. O extrato não utilizado deve ser cuidadosamente armazenado num recipiente fechado, num local fresco, escuro e protegido.

Utilização do neem nas plantações de chá:

a) **Óleo de neem**: O óleo de neem, extraído das sementes da árvore de neem, pode ser pulverizado nos arbustos de chá para controlar uma grande variedade de pragas de insectos. O óleo é biodegradável e tem-se revelado eficaz contra pragas como pulgões, cigarrinhas, tripes e mosquitos do chá.

b) **Pesticidas à base de neem (NBP)**: Formulações como emulsões de óleo de neem, extractos de sementes de neem e insecticidas comerciais à base de neem (como o NeemAzal) são utilizados para controlar as pragas. Estas formulações podem ter como alvo as pragas comuns do chá, incluindo Mosquito do chá *(Helopeltis spp.*), Pulgões *(Toxoptera aurantii),* Cigarrinhas *(Empoasca flavescens),* Tripes *(Scirtothrips dorsalis).* O Neem actua interrompendo o ciclo de vida das pragas, reduzindo as populações sem prejudicar os organismos benéficos, como os polinizadores.

c) **Bolo de neem**: O bagaço de sementes de Neem, um subproduto da extração de óleo, pode ser aplicado no solo à volta dos arbustos de chá. Actua como um fertilizante, enriquecendo o solo com nutrientes e repelindo nemátodos e outras pragas que vivem no solo. Além disso, ajuda a melhorar o conteúdo orgânico do solo.

d) **O Neem como parte da gestão integrada das pragas (IPM)**: O Neem é frequentemente utilizado como parte de uma estratégia de GIP nas plantações de chá. Isto inclui a combinação do neem com outros controlos biológicos, práticas culturais e uma utilização mínima de pesticidas sintéticos. A utilização do neem em tais estratégias ajuda a reduzir a resistência das pragas aos pesticidas, assegura uma menor quantidade de resíduos químicos no chá e promove um método de cultivo mais sustentável.

Vantagens da utilização do neem nas plantações de chá:

a) **Controlo de pragas amigo do ambiente:** Os produtos de neem (por exemplo, óleo de neem, extrato de sementes de neem) são biodegradáveis e não tóxicos para os seres humanos, animais e organismos benéficos, tais como polinizadores (por exemplo, abelhas) e predadores naturais de pragas.

b) **Redução de resíduos químicos no chá:** Os tratamentos à base de neem não deixam resíduos químicos nocivos nas folhas de chá, garantindo a produção de chá de alta qualidade e sem resíduos que cumprem as normas de segurança internacionais.

c) **Gestão sustentável de pragas:** O Neem interrompe o ciclo de vida das pragas através dos seus compostos, como a azadiractina, que actuam como antifeedantes, repelentes e inibidores de crescimento. Isto reduz a probabilidade de as pragas desenvolverem resistência, tornando-o adequado para estratégias de gestão de pragas a longo prazo.

d) **Melhoria da saúde do solo:** A torta de neem (um subproduto da extração do óleo de neem) serve como um corretor orgânico do solo, melhorando a fertilidade do solo ao adicionar nutrientes essenciais, suprimir nemátodos e encorajar microorganismos benéficos para o solo.

e) **Económicos:** Os produtos de neem são frequentemente mais económicos do que os pesticidas sintéticos, especialmente em regiões onde as árvores de neem são abundantes, o que os torna uma opção viável para os pequenos produtores de chá.
f) **Reduz a dependência de pesticidas químicos:** Ao integrar o neem num sistema de Gestão Integrada de Pragas (IPM), as plantações de chá podem reduzir a sua dependência de pesticidas químicos, o que conduz a custos mais baixos de pesticidas e a um menor impacto ambiental.

2) PANCHAGAVYA (Cinco produtos de vaca):

Panchagavya é um promotor de crescimento orgânico tradicional baseado no ITK e uma formulação de controlo de pragas. Consiste em cinco produtos de vaca: estrume de vaca, urina de vaca, leite, coalhada de vaca (iogurte) e ghee de vaca (manteiga clarificada). A palavra "Panchagavya" deriva do sânscrito, onde "Pancha" significa cinco e "Gavya" se refere a produtos de vaca. Como é feito de 5 componentes de produtos de vaca, é chamado Panchagavia, que é utilizado como biofertilizante e promotor de crescimento na agricultura, incluindo plantações de chá.

Estes cinco ingredientes são misturados e fermentados ao longo do tempo, produzindo um líquido orgânico rico em nutrientes que melhora a saúde do solo, estimula o crescimento das plantas e melhora a qualidade das colheitas, incluindo o chá.

Objetivo: Tem as seguintes vantagens:

a) É um promotor de crescimento natural (NGP) e previne P&D (Pragas e doenças)
b) Pode ser utilizado em viveiros de chá onde as plantas saudáveis podem ser cultivadas 3-4 meses antes do período normal de crescimento

c) Muito económico e fácil de fazer

Ingredientes para panchagavya:

SL NO	INGREDIENTS	QUANTITY	ACTIONS
1	Fresh cow dung	5 kg	Fresh cow dung is a rich source of organic matter and microbes that enhance soil fertility.
2	Fresh cow urine	3 Liter	Contains nitrogen, potassium, and natural growth hormones.
3	Cow milk	2 Liter	Provides proteins, enzymes, and beneficial bacteria.
4	Cow curd	2 Liter	Enriched with microbes that boost microbial activity in the soil.
5	Cow ghee	500 gm	Acts as a catalyst for microbial growth and aids in fermentation.
6	In addition: water, coconut water, and ripe bananas	As required	May be used to enhance microbial growth and fermentation.

Processo de preparação:

a. Todos os ingredientes são combinados e guardados num pote ou recipiente de barro.

b. Esterco e urina de vaca a misturar com 3 litros de água

c. Deve ser conservado num recipiente coberto durante 15 dias num local seguro

d. A mistura é devidamente agitada diariamente com uma vara para permitir o arejamento e a fermentação adequados.

e. Após 15 dias, o leite, a coalhada e o ghee devem ser misturados e agitados corretamente e conservados durante 7 dias

f. Durante esses 7 dias, a mistura deve ser agitada todos os dias como anteriormente

g. Em 22nd dia, a parte líquida da mistura deve ser separada por um coador ou por um pano de marcação

h. A fermentação dura cerca de 15-30 dias, dependendo das condições ambientais.

i. Prevê-se que tenha 8 litros de solução líquida, que se chama

Panchagavia

j. 30 ml de solução de Panchagavia a misturar com 10 litros de água

k. O líquido final é diluído e utilizado como pulverização foliar ou como irrigação do solo.

Utilização do Panchagavya: O Panchagavya é utilizado como pulverização foliar e emenda do solo nas plantações de chá para melhorar a saúde das plantas, promover o crescimento e aumentar a resistência a pragas e doenças. Aumenta a população microbiana no solo, o que, por sua vez, aumenta a disponibilidade de nutrientes para as plantas de chá.

Benefícios do Panchagavya nas plantações de chá:

a) **Aumenta a fertilidade do solo**: O Panchagavya enriquece o solo com microorganismos benéficos, matéria orgânica e nutrientes, melhorando as suas propriedades físicas, químicas e biológicas.

b) **Estimula o crescimento das plantas**: Contém hormonas de crescimento naturais como as auxinas e as giberelinas, que promovem o desenvolvimento das raízes, o crescimento dos rebentos e a expansão das folhas nas plantas do chá.

c) **Aumenta a resistência a pragas e doenças**: A diversidade microbiana introduzida pelo Panchagavya ajuda a suprimir os agentes patogénicos do solo e aumenta a imunidade natural da planta.

d) **Melhora a qualidade das folhas de chá**: O uso de Panchagavya melhora o vigor geral das plantas de chá, levando a folhas maiores, melhor teor de clorofila e colheitas de maior qualidade.

e) **Promove a sustentabilidade**: É uma alternativa ecológica e económica aos fertilizantes químicos, apoiando práticas de cultivo de chá orgânicas e sustentáveis.

Aplicação:

Viveiro: A aplicação no viveiro deve ser efectuada uma vez por mês e 12 vezes por ano, mas as plantas do viveiro devem ter pelo menos 3-4 folhas completas para iniciar a aplicação.

3) FORMULAÇÃO DO CONTROLO ORGÂNICO DE P&D UTILIZANDO O ITK

O procedimento definitivo para fazer a Formulação Orgânica de Controlo de P&D usando o Conhecimento Técnico Indígena (ITK) e os seus ingredientes não é fixo. Varia de lugar para lugar, dependendo da disponibilidade de ervas locais. Os itens mencionados abaixo podem ser utilizados como orientação para a preparação da formulação, uma vez que, alegadamente, todas as plantas e materiais mencionados abaixo estão disponíveis em todas as propriedades do nosso grupo durante o período de abril a outubro.

Ingredientes para formulações biológicas:

Sl. No.	Traditional Name	Botanical Name	Quantity
1	Ghatu (Hill Glory Bower)	*Clerodendron infortumatum*	8 Kg
2	Nisinda (Hummingbird tree)	*Vitex negundo*	4 Kg
3	Uchunti (white weed)	*Ageratum cinzoides*	4 Kg
4	Kachuripana (Water hyacinth)	*Eichornia crassipes*	4 kg
5	Neem leaves (Both desi and ghora neem)	*Azadirachta india/ Melia azedarch*	4kg
6	Mikania (before flowering)	*Mikania micrantha*	4 Kg
7	Molasses		2 kg
8	Cow urine		10-15 ltr.

Processo de preparação:

1. Só devem ser recolhidas folhas frescas e caules suculentos/partes vegetativas. Devem ser evitadas plantas/partes demasiado velhas, uma vez que têm mais fibras.
2. Todas as plantas e materiais acima mencionados são finamente cortados em pedaços e bem misturados com outros ingredientes em 200 litros de água, agitando-os cuidadosamente.
3. A mistura precisa de ser mantida durante 7-10 dias para uma fermentação adequada. A adição de 3-4 kg de estrume de vaca cru acelera o processo de decomposição.
4. A mistura deve ser filtrada através de um pedaço de pano de algodão. Em seguida, o extrato aquoso deve ser utilizado à razão de 10 Ltr. em 200 Ltr. de água. Após a preparação do produto, este deve ser utilizado o mais cedo possível (no prazo de um mês após a preparação da solução).

Aplicação de soluções orgânicas:

a) **Viveiro:** A aplicação em viveiro é útil entre duas aplicações de pesticidas

b) **Chá jovem e chá maduro:** Duas aplicações em secções não podadas - 1st aplicação durante o período de 15th janeiro - 15th fevereiro e 2nd aplicação durante o período de 21st fevereiro - 21st março, com um intervalo mínimo de pelo menos 3 semanas entre as duas aplicações

Notas: Novas informações sugerem que esta formulação não deve ser misturada com pesticidas, uma vez que alguns produtos químicos não são compatíveis. O melhor seria aplicar esta formulação isoladamente.

3) <u>FORMULAÇÃO HARBAL PARA REPELENTE DE PRAGAS DE CHÁ UTILIZANDO ITK</u>

Repelentes de pragas à base de extractos de ervas nas plantações de chá, utilizando o conhecimento técnico indígena (ITK) para gerir as pragas de uma forma sustentável e amiga do ambiente. Estes métodos, amplamente praticados em regiões como Assam, Bengala do Norte e as regiões Terai-Dooars da Índia, aproveitam plantas e materiais disponíveis localmente para produzir formulações que repelem ou controlam pragas como o mosquito do chá *(Helopeltis theivora)* e o ácaro vermelho *(Oligonychus coffeae).*

As plantas mais comuns utilizadas incluem o neem *(Azadirachta indica),* que é eficaz contra uma variedade de pragas do chá, incluindo ácaros e insectos, e *Clerodendrum viscosum* e *Vitex negundo,* conhecidas por controlar os ácaros vermelhos e as lagartas looper. O processo envolve frequentemente o esmagamento e a fermentação destas plantas, por vezes adicionando melhoradores naturais como a urina de vaca, que aumentam a potência. Por exemplo, a combinação de neem com pimenta, alho e urina de vaca mostrou taxas de controlo entre 40% e 80% para os insectos e ácaros do chá quando aplicados regularmente.

Ingredientes para o extrato de ervas repelente de pragas

SL NO	INGREDIENTS	QUANTITY	ACTIONS
1	Neem Leaves *(Azadirachta indica)*	1 Kg	Neem is widely known for its insect-repelling properties and contains azadirachtin, a natural pesticide effective against many pests.
2	Garlic *(Allium sativum)*	200 gm	Garlic contains sulfur compounds that act as a natural insecticide and repellent.
3	Ginger *(Zingiber officinale)*	100 gm	Ginger can deter pests with its strong scent and contains compounds like gingerol, which has anti-insect properties.
4	Chili Pepper *(Capsicum spp.)*	100 gm	The capsaicin in chili peppers is a potent irritant for many insects, making it an effective deterrent.
5	Tobacco Leaves *(Nicotiana tabacum)*	100 gm	Tobacco contains nicotine, which is toxic to many insects and pests.
6	Cow urine	1 liter	Often used in traditional pest repellents, cow urine enhances the effectiveness of the herbal mixture and has natural pest-repelling properties.
7	Water	10 Liter	Acts as a solvent for the herbal ingredients and dilutes the mixture to safe levels for spraying.

Passos de preparação:

a) Esmague as folhas de neem, o alho, o gengibre, a malagueta e as folhas de tabaco. Misturar bem.

b) Adicionar a mistura triturada a 10 litros de água e adicionar 1 litro de urina de vaca. Agitar bem a mistura.

c) Tape e deixe a mistura fermentar numa área à sombra durante cerca de 5-7 dias. Mexa diariamente para incentivar a fermentação correta.

d) Após a fermentação, coar o líquido para remover as partículas sólidas. O líquido filtrado é o extrato concentrado de repelente de pragas.

e) Para a aplicação, diluir o extrato concentrado com água numa proporção de 1:4 (1 parte de extrato para 4 partes de água) para garantir que é seguro para as plantas.

f) Pulverize esta mistura diluída nas plantas de chá, concentrando-se nas folhas e caules onde é provável que as pragas residam. Aplicar de manhã cedo ou ao fim da tarde para obter o máximo efeito.

Frequência de aplicação: Aplicar o extrato de ervas uma vez por semana ou depois de chuvas fortes. As aplicações regulares ajudam a criar resistência às pragas nas plantas.

Eficácia e segurança: A utilização deste repelente de pragas à base de ITK nas plantações de chá é eficaz contra uma série de pragas, tais como pulgões, lagartas e ácaros. A mistura é segura para as plantas de chá e para o ambiente devido à sua composição natural, e não prejudica os insectos benéficos quando utilizada corretamente.

5) URINA DE VACA E FORMULAÇÃO DE LEITELHO (ITK)

Uma formulação de urina de vaca e leitelho é outra abordagem baseada no Conhecimento Técnico Indígena (ITK) utilizada como repelente natural de pragas e melhorador do solo nas plantações de chá. Esta mistura é valorizada pelas suas propriedades de controlo de pragas e pelos benefícios para a saúde do solo devido à sua composição rica em nutrientes e conteúdo microbiano.

Ingredientes para o extrato de ervas repelente de pragas

SL NO	INGREDIENTS	QUANTITY	ACTIONS
1	Cow urine	1 Liter	Known fo its nitrogen, phosphorus, and potassium content, cow urine acts as a natural pesticide. It also has antibacterial and antifungal properties
2	Buttermilk	1 kg	Buttermilk introduces beneficial lactic acid bacteria, which can inhibit harmful fungal and bacterial growth on tea plants. It also provides nutrients that enhance plant immunity.
3	Water	8 Liter	Used to dilute the mixture to a safe level for application on plants.

Passos de preparação:

a) Combine 1 litro de urina de vaca e 1 litro de leitelho num recipiente limpo. Misturar bem.
b) Cobrir e deixar a mistura repousar num local à sombra durante cerca de 3-5 dias para permitir a fermentação. Mexa a mistura uma vez por dia para apoiar a atividade microbiana.

c) Após a fermentação, diluir a mistura com 8 litros de água para evitar a fitotoxicidade (danos causados às plantas pelos produtos químicos). Isto cria uma solução suave adequada para pulverizar as plantas de chá.
d) Pulverizar a mistura diluída sobre as plantas de chá, concentrando-se nas folhas e nos caules. Aplicar de manhã cedo ou ao fim da tarde para evitar queimaduras solares nas plantas.

Frequência de aplicação: Aplicar uma vez por semana ou depois de chuvas fortes. A aplicação regular ajuda a controlar as pragas e melhora a saúde das plantas.

Benefícios das formulações de leitelho de vaca:

a) **Propriedades repelentes de pragas:** Esta formulação ajuda a repelir uma variedade de pragas como pulgões, lagartas e ácaros, que são comuns nas plantações de chá. A combinação dos efeitos antimicrobianos da urina de vaca e do conteúdo probiótico do leitelho pode reduzir a infestação de pragas.

b) **Melhoria da saúde do solo:** O conteúdo microbiano do leitelho e as propriedades ricas em nutrientes da urina de vaca melhoram a microbiota do solo. O aumento da diversidade microbiana no solo favorece o ciclo de nutrientes e melhora a absorção de nutrientes pelas plantas, o que resulta em plantas de chá mais saudáveis.

c) **Redução da dependência de pesticidas químicos:** A utilização desta fórmula orgânica reduz a necessidade de pesticidas sintéticos, baixando os custos de produção e minimizando a poluição ambiental. A utilização reduzida de pesticidas também beneficia os insectos benéficos, apoiando um ecossistema equilibrado.

d) **Melhoria do rendimento e da qualidade das colheitas:** plantas mais saudáveis e mais resistentes às pragas conduzem frequentemente a um maior rendimento das colheitas e a uma melhor qualidade das folhas de chá. Esta mistura natural pode ajudar a promover a agricultura sustentável, que é cada vez mais valorizada pelos consumidores e pelos mercados centrados nos produtos biológicos.

e) **Sustentabilidade e custo-efetividade:** O baixo custo da urina de vaca e do leitelho torna esta formulação acessível aos pequenos produtores de chá. Promove a agricultura sustentável através da reciclagem de recursos agrícolas e da redução da dependência de insumos sintéticos.

6) FORMULAÇÃO À BASE DE TABACO DECOCÇÃO ITK

A decocção de tabaco é uma formulação baseada no Conhecimento Técnico Indígena (ITK) amplamente utilizada como repelente de pragas e doenças nas plantações de chá devido às suas propriedades insecticidas naturais. O principal composto ativo do tabaco é a nicotina, que visa eficazmente vários insectos sem prejudicar significativamente o ambiente. Esta formulação pode ser adequada para pequena escala, de preferência em viveiros ou plantações de chá jovens.

Ingredientes para a formulação da decocção de tabaco:

SL NO	INGREDIENTS	QUANTITY	ACTIONS
1	Tobacco leaves (fresh or dried)	500 gm	Contains Nicotine, the primary component in tobacco, targets the nervous systems of insects such as aphids, caterpillars, and leafhoppers, disrupting their feeding and reproduction.
2	Optional: Soap (preferably natural or castile soap)	20-30 ml	To improve adherence to leaves
3	Water	10 Liter	Used to dilute the mixture to a safe level for application on plants.

Processo de fabrico da decocção de tabaco:

a) Esmagar ou triturar as folhas de tabaco.

b) Ferver as folhas de tabaco em 10 litros de água durante cerca de 30-40 minutos para extrair a nicotina.

c) Deixar a solução arrefecer e assentar. Filtrar o líquido para remover as partículas sólidas.

d) Adicionar 20-30 ml de sabão para ajudar a solução a aderir às superfícies das plantas.

e) Dependendo da sensibilidade da planta, a decocção pode ser diluída em água (proporção 1:2) antes da aplicação.

Frequência de aplicação: Pulverizar as plantas de chá afectadas, especialmente na parte inferior das folhas, onde as pragas residem normalmente e as pragas-alvo são os pulgões, as lagartas e as cigarrinhas. Aplicar semanalmente ou após chuvas fortes para um controlo sustentado das pragas.

Benefícios da decocção de tabaco:

a) ***Propriedades insecticidas eficazes:*** A nicotina, o principal componente do tabaco, tem como alvo o sistema nervoso de insectos como pulgões, lagartas e cigarrinhas, perturbando a sua alimentação e reprodução. A sua atividade de largo espetro torna-o eficaz contra várias pragas nas plantações de chá.

b) ***Amigo do ambiente:*** Natural e biodegradável, a decocção de tabaco reduz o risco de poluição ambiental em comparação com os pesticidas sintéticos. Minimiza o risco de resíduos de pesticidas nas folhas de chá, aumentando a segurança do produto.

c) ***Económica:*** As folhas de tabaco são relativamente baratas, o que faz desta uma solução económica.

d) ***Baixo risco de resistência das pragas:*** Os compostos complexos da decocção de tabaco podem reduzir a hipótese de as pragas desenvolverem resistência, um problema comum com os pesticidas sintéticos.

Precauções:

a) **Toxicidade**: Embora mais segura do que os pesticidas sintéticos, a nicotina é tóxica em doses elevadas, pelo que se aconselha um manuseamento adequado e equipamento de proteção (luvas, máscaras) para quem prepara e aplica a decocção.

b) **Diluição correta**: As soluções de tabaco não diluídas podem causar fitotoxicidade (danos) às plantas. A diluição adequada e a frequência de aplicação são essenciais para evitar danificar os arbustos de chá.

7) <u>FORMULAÇÃO À BASE DE URINA DE VACA E DE ESTRUME DE VACA:</u>

A urina e o estrume de vaca são componentes integrais de muitas formulações do Conhecimento Técnico Indígena (ITK) devido às suas propriedades naturais repelentes de pragas e aos seus efeitos de melhoria do solo. Estas formulações são habitualmente utilizadas nas plantações de chá para gerir pragas e doenças de forma sustentável, tirando partido das suas propriedades antifúngicas, antibacterianas e bio-fortificantes. Esta formulação ajuda a repelir as pragas comuns do chá, como pulgões, ácaros e lagartas, ao mesmo tempo que inibe doenças fúngicas como a praga e a podridão radicular.

Ingredientes para a formulação de urina e estrume de vaca:

SL NO	INGREDIENTS	QUANTITY	ACTIONS
1	Fresh cow dung	1 kg	Helps to repel common tea pests, enriches the soil with organic matter, enhancing microbial activity.
2	Fresh cow urine	1 Liter	Contains uric acid and nitrogenous compounds that deter pests and control fungal infections.
3	Optional: Neem leaves (*Azadirachta indica*)	100 gm	For additional insecticidal properties
4	Water	10 Liter	Used to dilute the mixture to a safe level for application on plants.

Processo de fabrico da formulação de urina de vaca e de estrume de vaca:

a) Misturar o estrume de vaca e a urina de vaca num recipiente grande.

b) Adicionar água e mexer bem para formar uma pasta uniforme.

c) Opcionalmente, esmagar e adicionar folhas de neem, que aumentam os efeitos antifúngicos e insecticidas.

d) Deixar a mistura fermentar durante 7-15 dias numa área à sombra, mexendo uma vez por dia para arejar.

e) Após a fermentação, coar a mistura para remover os sólidos. Diluir com água numa proporção de 1:5 antes de aplicar como um spray foliar nas plantas de chá.

Frequência de aplicação: Pulverizar a solução diluída nas plantas de chá de duas em duas semanas, especialmente no crescimento novo, na parte inferior das folhas e nos caules. Aplicar depois de chuvas fortes para manter a eficácia.

Benefícios da formulação com urina e estrume de vaca:

a) ***Repelente natural de pragas e doenças:*** A urina de vaca contém ácido úrico e compostos azotados que afastam as pragas e controlam as infecções fúngicas. A fórmula ajuda a repelir as pragas comuns do chá, como pulgões, ácaros e lagartas, ao mesmo tempo que inibe doenças fúngicas como o míldio e a podridão radicular.
b) ***Amigo do ambiente e sustentável:*** A utilização de estrume e urina de vaca reduz a dependência de pesticidas sintéticos, promovendo um cultivo de chá amigo do ambiente. Estas bioformulações são facilmente degradáveis e não deixam resíduos nocivos nas plantas de chá ou no solo.
c) ***Melhora a fertilidade do solo e a saúde das plantas:*** O estrume de vaca enriquece o solo com matéria orgânica, aumentando a atividade microbiana, o que ajuda a absorção de nutrientes pelas plantas de chá. A urina de vaca actua como um bio-fortificante, fornecendo nutrientes essenciais, impulsionando o crescimento dos arbustos de chá e reforçando a imunidade das plantas.
d) ***Reduz a resistência das pragas:*** Devido à sua composição natural complexa, é menos provável que as pragas desenvolvam resistência às formulações de urina e estrume de vaca, ao contrário dos pesticidas sintéticos.

Precauções:

a) **Diluição**: As formulações demasiado concentradas podem queimar as plantas de chá; a diluição correta é crucial.
b) **Agitação regular durante a fermentação**: A agitação diária minimiza o crescimento de bactérias anaeróbicas indesejáveis e promove um processo de fermentação equilibrado.

4) CINZA DE MADEIRA COMO ITK:

A cinza de madeira é o resíduo deixado após a queima da madeira e contém minerais essenciais como o potássio, o cálcio, o magnésio e vestígios de outros elementos como o fósforo. É altamente alcalina devido ao seu elevado teor de carbonato de cálcio, o que lhe confere propriedades de ajuste do pH do solo. As cinzas de madeira têm sido tradicionalmente utilizadas pelos agricultores em várias práticas agrícolas para a fertilidade do solo, o controlo de pragas e como agente de calagem. A utilização de cinzas de madeira como Conhecimento Técnico Indígena (ITK) em plantações de chá tem uma série de benefícios, principalmente devido ao seu conteúdo mineral, propriedades de modificação do pH e papel no controlo de pragas.

As cinzas fornecem potássio, cálcio e minerais vestigiais, aumentando os níveis de nutrientes do solo e melhorando o crescimento das plantas de chá. Também tem propriedades alcalinizantes que podem ajudar a equilibrar os solos ácidos, normalmente encontrados nas plantações de chá. O potássio é essencial para o crescimento e desenvolvimento das plantas de chá, particularmente para a qualidade e resistência das folhas. O potássio ajuda na regulação da água, na resistência à seca e na melhoria da qualidade das folhas, todos factores críticos para a produção de chá. Além disso, as cinzas podem atuar como um dissuasor natural de pragas, ajudando a controlar os agentes patogénicos transmitidos pelo solo e as pragas de insectos.

A utilização de cinzas de madeira em plantações de chá pode melhorar o pH do solo, aumentar o teor de potássio e servir como um dissuasor natural de pragas, mas a moderação e o controlo cuidadoso são essenciais. Misturar as cinzas com composto e evitar a sua aplicação excessiva são práticas eficazes para uma cultura do chá sustentável.

Benefícios das cinzas de madeira nas plantações de chá:

a) **Modificação do pH do solo:** As plantas de chá preferem geralmente solos ligeiramente ácidos. No entanto, uma acidez elevada pode levar ao bloqueio de nutrientes, reduzindo a disponibilidade dos mesmos. As cinzas de madeira, quando aplicadas com moderação, podem reduzir a acidez do solo, tornando os nutrientes mais acessíveis às plantas do chá. A utilização controlada de cinzas pode ajudar a equilibrar o pH do solo, mas a aplicação excessiva pode levar a uma alcalinidade excessiva, que pode prejudicar as plantas de chá. Por conseguinte, recomenda-se a monitorização frequente do pH do solo quando se utilizam cinzas de madeira em plantações de chá.

b) **Enriquecimento de nutrientes:** As cinzas de madeira são uma boa fonte de potássio, um nutriente essencial para as plantas de chá que apoia o desenvolvimento das folhas e aumenta a resistência ao stress ambiental. O potássio das cinzas pode aumentar o vigor das plantas do chá, melhorar a qualidade das folhas e apoiar a saúde geral das plantas. No entanto, como as cinzas de madeira não têm azoto, devem ser utilizadas juntamente com outros fertilizantes orgânicos ou fontes de azoto para garantir uma nutrição equilibrada.

c) **Dissuasão de pragas e gestão de doenças**: As cinzas de madeira têm sido tradicionalmente utilizadas como dissuasor de certas pragas do solo e como camada protetora da superfície do solo contra insectos. A elevada alcalinidade e a presença física das cinzas podem reduzir a atividade das pragas em torno das plantas de chá. Além disso, a aplicação de cinzas pode ajudar a gerir os agentes patogénicos transmitidos pelo solo, reduzindo o risco de doenças radiculares, que podem ser cruciais para a saúde da cultura do chá.

d) **Sustentabilidade e relação custo-eficácia**: Sendo um material acessível e de baixo custo, as cinzas de madeira constituem uma alternativa ecológica aos produtos químicos. A incorporação de cinzas de madeira nas plantações de chá alinha-se com práticas agrícolas sustentáveis, reduzindo a dependência de fertilizantes sintéticos e melhorando a saúde do solo a longo prazo.

e) **Melhoria da estrutura e da matéria orgânica:** Quando aplicada com composto orgânico, a cinza de madeira pode ajudar a melhorar a estrutura do solo, aumentar a atividade microbiana do solo e apoiar a decomposição da matéria orgânica, enriquecendo o ecossistema do solo.

Como utilizar as cinzas de madeira nas plantações de chá:

As cinzas são normalmente espalhadas no solo à volta das plantas de chá. Nas plantações de chá, é frequentemente misturada com composto para evitar uma alcalinidade excessiva. Uma vez que as plantas do chá preferem solos ligeiramente ácidos, é crucial monitorizar o pH do solo quando se utilizam cinzas. A utilização de cinzas de madeira em plantações de chá envolve a compreensão das suas taxas de aplicação, tempo e técnicas adequadas para maximizar os benefícios e evitar potenciais inconvenientes.

a) ***Taxa de aplicação e diluição:***
   a. **Taxa de aplicação**: As cinzas de madeira devem ser aplicadas a uma taxa moderada, geralmente cerca de 200-500 kg por hectare (20-50 g por metro quadrado). Uma aplicação excessiva pode levar à alcalinidade do solo, o que pode afetar negativamente as plantas do chá que preferem solos ligeiramente ácidos.
   b. **Teste do solo**: Efectue testes regulares ao pH do solo antes e depois da aplicação das cinzas para evitar uma alcalinização excessiva. O objetivo é manter o pH no intervalo de 4,5-6 para uma saúde óptima da planta do chá.

b) ***Calendário de aplicação:***
   a. **Aplicação pós-colheita**: Aplicar as cinzas de madeira após a colheita do chá ou a época de poda. Este momento minimiza o risco de as cinzas afectarem o sabor e a qualidade das folhas e permite que os nutrientes se integrem no solo antes da fase de crescimento seguinte.
   b. **Atenção à estação das chuvas**: Evite aplicar cinzas de madeira imediatamente antes de chuvas fortes, uma vez que os nutrientes podem ser arrastados. Em vez disso, aplique durante a estação seca ou incorpore-a no solo imediatamente após a aplicação.

c) ***Método de aplicação:***
   a. **Cobertura**: Espalhe as cinzas uniformemente à volta da base de cada

planta de chá, evitando o contacto direto com o caule e as folhas. As cinzas podem ser espalhadas ligeiramente sobre o solo, onde libertarão gradualmente os nutrientes.

b. **Mistura com composto**: Para melhorar a estrutura do solo e a saúde microbiana, misture as cinzas de madeira com composto orgânico antes da aplicação. A combinação de cinzas com composto equilibra o efeito do pH e aumenta a decomposição da matéria orgânica, enriquecendo o ecossistema do solo.

c. **Opção de pulverização foliar**: Em concentrações baixas, a cinza de madeira pode ser diluída (rácio 1:10) com água e utilizada como pulverização foliar para repelir pragas. Aplicar como uma névoa fina, evitando o excesso de concentração para evitar potenciais queimaduras nas folhas.

d) ***Gestão das pragas:***

a. **Barreira à volta das plantas**: Espalhe uma camada fina de cinzas à volta das plantas de chá para dissuadir pragas como caracóis e lesmas. A natureza alcalina da cinza pode atuar como um impedimento natural para muitas pragas do solo.

b. **Combinar com vinagre de madeira**: A cinza de madeira pode ser utilizada com vinagre de madeira (diluído) para o controlo de pragas. O vinagre de madeira aumenta as propriedades repelentes de pragas, especialmente para aplicações foliares.

e) ***Precauções e controlo:***

a. **Utilização moderada**: Evitar a aplicação de cinzas em grandes quantidades, uma vez que pode levar a desequilíbrios de nutrientes (por exemplo, o excesso de cálcio e potássio pode interferir com a absorção de magnésio e fósforo).

b. **Monitorização regular**: Os testes de nutrientes e de pH do solo antes e depois da aplicação de cinzas podem ajudar a controlar e ajustar as quantidades conforme necessário, garantindo uma saúde óptima do solo e o desempenho das plantas.

5) VINAGRE DE MADEIRA (ÁCIDO PIROLENHOSO) NAS PLANTAÇÕES DE CHÁ

O vinagre de madeira, também conhecido como ácido pirolenhoso, é um subproduto líquido obtido a partir da pirólise (decomposição térmica na ausência de oxigénio) da madeira. Contém uma variedade de compostos orgânicos, incluindo ácido acético, metanol, acetona, fenóis e outros compostos bioactivos, que contribuem para as suas propriedades ácidas e fumadas. Este líquido é comummente utilizado na agricultura devido aos seus efeitos de reforço do crescimento, de dissuasão de pragas e de condicionamento do solo.

O vinagre de madeira, utilizado como Conhecimento Técnico Indígena (ITK) nas plantações de chá, pode contribuir para práticas de cultivo sustentáveis e orgânicas.

A utilização de vinagre de madeira (ácido pirolenhoso) nas plantações de chá requer uma diluição cuidadosa e técnicas de aplicação para garantir os seus efeitos benéficos no crescimento das plantas, na saúde do solo, no controlo de pragas e na qualidade geral das folhas de chá.

Benefícios da utilização do vinagre de madeira nas plantações de chá:

A utilização de vinagre de madeira nas plantações de chá oferece múltiplos benefícios relacionados com a saúde do solo, o crescimento das plantas, o controlo de pragas e a sustentabilidade geral:

a) **Melhoria do crescimento das plantas e do desenvolvimento das raízes:** O vinagre de madeira contém compostos bioactivos que promovem o crescimento das raízes e aumentam a absorção de nutrientes. Sistemas radiculares melhorados conduzem a plantas de chá mais saudáveis e com maior resistência a stresses ambientais, o que pode resultar em folhas de chá de maior qualidade.

b) **Melhoria da absorção de nutrientes e da fertilidade do solo:** Quando aplicado no solo, o vinagre de madeira ajuda a libertar nutrientes e aumenta a atividade microbiana do solo, o que é benéfico para o ciclo e disponibilidade de nutrientes. Em solos de chá ácidos, pode ajudar a otimizar o ambiente do solo, criando um ecossistema mais equilibrado.

c) **Controlo natural de pragas e doenças:** O vinagre de madeira actua como um dissuasor natural de insectos e de algumas doenças transmitidas pelo solo, ajudando a reduzir a dependência de pesticidas químicos. Contém compostos fenólicos com propriedades antifúngicas e antibacterianas, que podem reduzir a incidência de pragas e doenças que afectam as plantas do chá.

d) **Redução do impacto ambiental e maior sustentabilidade:** O vinagre de madeira é um subproduto natural que pode substituir os factores de produção sintéticos, contribuindo para uma menor pegada ambiental nas plantações de chá. A sua utilização está alinhada com as práticas de agricultura biológica, apoiando a biodiversidade e reduzindo a acumulação de químicos no solo e nos sistemas de água.

e) **Benefícios da pulverização foliar e melhoria da qualidade das folhas**: stresses ambientais. Isto é benéfico para a qualidade visual e química das folhas de chá, que são críticas na produção de chá.

Como utilizar o vinagre de madeira (ácido pirolenhoso) nas plantações de chá:

a) **Razões de diluição e preparação:**
   a. **Diluição geral para aplicação no solo**: Diluir o vinagre de madeira com água numa proporção de 1:200 a 1:500 antes de o aplicar no solo. Este nível assegura a disponibilidade de nutrientes e compostos bioactivos sem acidificar demasiado o solo.
   b. **Diluição para pulverização foliar**: Ao aplicar como pulverização

foliar, diluir numa proporção de 1:5001:1000 para evitar queimaduras nas folhas e maximizar a absorção. Esta concentração mais baixa proporciona um dissuasor eficaz de pragas e um fator de crescimento para as folhas de chá.

c. **Barreira antiparasitária**: diluição 1:500 à volta da base da planta

d. **Ativação do composto**: Diluição 1:500 para uma decomposição mais rápida e enriquecimento de nutrientes

e. **Frequência**: Aplicar a cada 4-6 semanas durante as estações de crescimento activas, evitando a aplicação durante as horas de pico da luz solar para reduzir o risco de queimaduras nas folhas.

b) **Técnicas de aplicação no solo:**

a. **Frequência**: Aplicar o vinagre de madeira no solo uma vez em cada 4-6 semanas durante a estação de crescimento do chá para melhorar a saúde das raízes e a fertilidade do solo.

b. **Método**: Distribuir uniformemente o vinagre de madeira diluído à volta da base das plantas de chá, evitando o contacto direto com o caule. Este método melhora as condições da zona radicular, aumentando a absorção de nutrientes e a atividade microbiana do solo.

c) **Pulverização foliar para a saúde das folhas e controlo de pragas:**

a. **Tempo**: Aplicar pulverizações foliares durante as horas mais frescas do dia, como o início da manhã ou o fim da tarde, para reduzir o risco de queimaduras nas folhas.

b. **Frequência**: As aplicações foliares podem ser feitas a cada 3-4 semanas durante a estação de crescimento ativa para apoiar a saúde das folhas e deter as pragas.

c. **Benefícios**: A aplicação foliar ajuda a melhorar a resistência das folhas, aumenta a produção de clorofila e reduz a atividade das pragas nas folhas, que são fundamentais para a qualidade do chá.

d) **Gestão de pragas e doenças:**

a. **Aplicação de barreira**: Para um controlo adicional das pragas, o vinagre de madeira pode ser diluído (1:500) e aplicado à volta das plantas como uma pulverização de barreira. Isto impede que as pragas cheguem à zona das raízes e reduz a incidência de doenças transmitidas pelo solo.

b. **Combinação com outros ITKs**: O vinagre de madeira é frequentemente utilizado com cinzas de madeira para um melhor controlo das pragas. A cinza proporciona uma barreira física, enquanto as propriedades ácidas do vinagre afastam os insectos e melhoram a gestão global das pragas.

e) **Ativação do composto para a saúde do solo:**

a. **Método**: O vinagre de madeira pode ser adicionado ao composto numa diluição de 1:500 para ativar e acelerar a decomposição, criando um composto rico em nutrientes que melhora a estrutura do solo e o conteúdo orgânico quando aplicado à volta das plantas de chá.

b. **Vantagem**: Esta abordagem aumenta a fertilidade do solo ao mesmo tempo que melhora a sua textura e arejamento, apoiando o crescimento das raízes das plantas do chá.

PARTE 3
CATALISADOR DE CRESCIMENTO DE PLANTAS DE CHÁ

CAPÍTULO 4: CHÁ CATALISADOR DE CRESCIMENTO DE PLANTAS

Um catalisador de crescimento de plantas é qualquer substância, agente biológico ou composto que acelera ou aumenta o crescimento, desenvolvimento e produtividade das plantas, melhorando a absorção de nutrientes, promovendo o equilíbrio hormonal e melhorando os processos metabólicos. Nas plantações de chá, os catalisadores de crescimento das plantas podem incluir soluções orgânicas naturais, biofertilizantes ou potenciadores de crescimento sintéticos que estimulam o vigor geral das plantas de chá.

Estes catalisadores ajudam as plantas de chá a crescer mais rapidamente, a aumentar o tamanho das folhas, a melhorar a densidade dos rebentos e a aumentar o rendimento e a qualidade gerais. São frequentemente utilizados juntamente com outras práticas agrícolas orgânicas ou convencionais para garantir um crescimento ótimo das plantas e a sustentabilidade no cultivo do chá.

Tipos de catalisadores de crescimento de plantas:

a) **Catalisadores de crescimento orgânicos**: Estes são derivados de fontes naturais, tais como matéria orgânica fermentada, chás de composto e extractos à base de plantas ou animais. Exemplos incluem Panchagavya, que é um potenciador de crescimento orgânico tradicional feito de produtos de vaca, e vermicomposto, rico em micróbios benéficos e nutrientes para as plantas. Outros compostos orgânicos feitos a partir de fontes locais são também ricos em micróbios benéficos e nutrientes para as plantas.
(Detalhes sobre Panchagaviya discutidos nas páginas 63-65, detalhes sobre vermicomposto discutidos nas páginas 16-37 e, detalhes sobre diferentes compostos orgânicos e fertilizantes discutidos nas páginas 38-54)

b) **Biofertilizantes naturais:** Os biofertilizantes naturais, como o ácido húmico, ajudam as plantas a absorver os nutrientes, quelando-os (ligando-os) e disponibilizando-os numa forma que as plantas podem facilmente utilizar. Também promove a atividade microbiana benéfica do solo e melhora o crescimento das raízes.

c) **Hormonas de crescimento naturais**: As hormonas vegetais, como as auxinas, as giberelinas (GA3) e as citocininas, actuam como catalisadores, regulando os processos de crescimento das plantas, como a divisão celular, o alongamento e a formação de folhas. As preparações orgânicas, como os extractos de algas marinhas, contêm hormonas vegetais naturais que estimulam o desenvolvimento das raízes e aumentam a absorção de nutrientes.

d) **Catalisadores microbianos**: e catalisadores microbianos como Azotobacter, Azospirillum e Rhizobium aumentam a fixação de azoto no solo, promovendo um crescimento saudável. Os micróbios benéficos, como os fungos micorrízicos e as bactérias solubilizadoras de fosfato, actuam como catalisadores de crescimento, melhorando a disponibilidade de nutrientes no solo, o que é particularmente importante nos solos deficientes em nutrientes das plantações de chá.

Benefícios da utilização de catalisadores de crescimento de plantas em plantações de chá:

a) **Aumento da absorção de nutrientes**: Os catalisadores de crescimento ajudam as plantas do chá a absorver mais nutrientes do solo, levando a um melhor crescimento e a uma melhor qualidade das folhas.

b) **Aumento do vigor da planta**: Os catalisadores melhoram o desenvolvimento das raízes e dos rebentos, resultando em plantas de chá mais robustas, capazes de produzir folhas de maior qualidade.

c) **Maior rendimento**: Ao promover uma utilização eficiente dos nutrientes e ao estimular as hormonas naturais de crescimento das plantas, estes catalisadores podem aumentar a produção de chá em termos de quantidade e qualidade.

d) **Resistência ao stress**: Alguns catalisadores de crescimento ajudam as plantas de chá a tornarem-se mais resistentes a stresses abióticos como a seca, o calor e as deficiências de nutrientes, assegurando uma produção estável mesmo em condições subóptimas.

e) **Melhoria da saúde do solo**: Os catalisadores de crescimento orgânico e microbiano contribuem para um ecossistema do solo mais saudável, promovendo a atividade microbiana, melhorando a estrutura do solo e aumentando o teor de matéria orgânica.

1) BIOFERTILIZANTE NATURAL (ÁCIDO HÚMICO)

O ácido húmico é uma molécula de cadeia longa, de elevado peso molecular, de cor castanha escura e solúvel numa solução alcalina. É a parte do solo responsável pela compostagem que transfere o nutriente do solo para o organismo vivo. Este material acompanha o nutriente para dentro do organismo e traz muitos benefícios.

Os ácidos húmicos são moléculas orgânicas complexas formadas pela decomposição da matéria orgânica, nomeadamente vegetal, pelos microrganismos do solo. É um dos principais componentes do húmus, que é a parte orgânica do solo. O ácido húmico influencia a fertilidade do solo através do seu efeito na capacidade de retenção de água do solo. Os ácidos húmicos contribuem de forma importante para a estabilidade e a fertilidade do solo, conduzindo a um crescimento excecional das plantas e à absorção de micronutrientes. O ácido húmico consiste em moléculas grandes e complexas que são altamente resistentes à decomposição e está classificado como parte do grupo mais vasto das substâncias húmicas, que também inclui os ácidos fúlvicos e a humina. Estes ácidos são extraídos de fontes naturais como material vegetal decomposto, turfa, lenhite ou certos tipos de solos (como a leonardite).

Há provas de um efeito positivo das substâncias de ácido húmico no crescimento de vários grupos de microrganismos. Há também provas de que alguns dos materiais húmicos contêm grandes populações de actinomicetas (microrganismos que partilham as propriedades de fungos e bactérias). Estes microrganismos são capazes de degradar uma vasta gama de substâncias, incluindo celulose, humicelulose, proteínas e lenhina.

Propriedades químicas do ácido húmico:

a) **Estrutura molecular complexa**: Os ácidos húmicos têm um peso molecular elevado e são formados através da degradação microbiana de matéria vegetal morta.
b) **Elevada capacidade de troca catiónica (CEC)**: Isto permite que os ácidos húmicos retenham os nutrientes no solo e os disponibilizem às plantas.
c) **Capacidade de quelação**: O ácido húmico pode formar quelatos com iões metálicos, melhorando a disponibilidade de micronutrientes essenciais para as plantas, especialmente em solos ácidos.

Utilização de ácido húmico em viveiros de chá:

A aplicação de ácido húmico na concentração correta para a aplicação correta pode beneficiar as hortas e jardins, o solo, os relvados e outras aplicações de cultivo.

Instruções:

a) Misturar o ácido húmico com a taxa de diluição adequada de acordo com a aplicação planeada:
    a. *Solo (cama de viveiro ou tubo):* 1 litro de ácido húmico para 5 galões de água (até um acre de cobertura)

b. *Foliar (folha):* 1 litro de ácido húmico para 5 galões de água (até um acre de cobertura)

b) Encher o recipiente do pulverizador com a mistura de ácido húmico devidamente diluída.

c) Pulverizar a mistura de ácido húmico sobre a zona a tratar.

d) Reaplicar a mistura de ácido húmico de acordo com as especificações do fabricante na embalagem, ou quando os insectos que está a tratar começarem a reaparecer.

Utilização de ácido húmico em plantações de chá:

O ácido húmico desempenha um papel crucial no aumento da fertilidade do solo, melhorando a disponibilidade de nutrientes e estimulando o crescimento das plantas. Nas plantações de chá, o ácido húmico pode ser utilizado como condicionador do solo e estimulante do crescimento das plantas, conduzindo a melhores rendimentos, melhor saúde das plantas e melhor qualidade do chá.

a) **Aplicação no solo:** O ácido húmico pode ser aplicado diretamente no solo para melhorar a sua estrutura e capacidade de retenção de nutrientes. Isto ajuda as plantas a aceder aos nutrientes de forma mais eficiente, promovendo o crescimento saudável das raízes e o desenvolvimento das plantas.

Procedimento:

a. **Forma granular**: O ácido húmico está frequentemente disponível na forma granular ou em pó, que pode ser misturado com o solo ou aplicado na zona das raízes das plantas de chá.

b. **Forma líquida**: O ácido húmico na forma líquida pode ser diluído em água e aplicado diretamente no solo.

Dosagem: Aplicar 10-20 kg de ácido húmico granular por hectare ou 10-15 litros de solução líquida de ácido húmico (diluída em 1000 litros de água) por hectare. Aplicar uniformemente à volta das zonas radiculares das plantas de chá para aumentar a absorção de nutrientes e o desenvolvimento das raízes.

b) **Pulverização foliar:** O ácido húmico pode ser aplicado como um spray foliar, fornecendo nutrientes diretamente às folhas da planta do chá. Este método é particularmente eficaz durante períodos de stress nutricional ou quando as plantas necessitam de um rápido reforço de nutrientes.

Procedimento:

a. **Diluir o ácido húmico líquido**: Preparar uma solução para pulverização foliar diluindo 500 ml a 1 litro de ácido húmico em 200 litros de água (ou seguir as diretrizes do fabricante).

b. **Pulverização**: Aplicar o spray uniformemente nas folhas durante o início da manhã ou ao fim da tarde para evitar a luz solar direta, que poderia reduzir a absorção de nutrientes.

c. **Frequência**: Utilizar a pulverização foliar 2-3 vezes durante a estação de crescimento, especialmente antes do primeiro fluxo e após chuvas fortes, quando pode ocorrer lixiviação de nutrientes.

c) **Fase de viveiro:** O ácido húmico pode ser aplicado durante a fase de viveiro para melhorar o desenvolvimento das raízes e promover um melhor estabelecimento das plantas jovens de chá após o transplante.

Procedimento:

a. **Imersão das raízes**: Mergulhar as raízes das plântulas de chá numa solução de ácido húmico antes de as transplantar para o campo.

b. **Preparar uma solução de imersão das raízes** - misturando 1 litro de ácido húmico com 100 litros de água. Mergulhar as raízes nesta solução durante 15-30 minutos antes da plantação.

d) **Irrigação com ácido húmico:** O ácido húmico pode ser aplicado através do sistema de irrigação (quando necessário) para garantir uma distribuição uniforme dos nutrientes na plantação de chá.

Procedimento:

- Utilizar 1-2 litros de ácido húmico líquido por hectare, diluídos em 1000 litros de água de rega.
- Aplicar através do sistema de rega gota a gota ou por sulcos.
- Assegurar que o solo está húmido antes da aplicação para uma melhor absorção do ácido húmico pelas raízes.

e) **Combinação com fertilizantes:** O ácido húmico pode ser utilizado em combinação com fertilizantes químicos ou orgânicos para aumentar a eficiência da absorção de nutrientes. Ajuda a ligar os nutrientes e a torná-los mais facilmente disponíveis para as plantas.

Procedimento:

a. Misturar o ácido húmico (forma granular) com fertilizantes químicos como a ureia, o DAP (fosfato diamónico) ou fertilizantes orgânicos como o composto. Por exemplo, misturar 10-20 kg de ácido húmico granular por hectare com fertilizantes azotados durante a aplicação no campo.

b. Aplicar a mistura de adubo e ácido húmico uniformemente na zona das raízes das plantas de chá.

f) **Aplicação na fase de crescimento das plantas de chá:** Para obter resultados óptimos, o ácido húmico deve ser aplicado nas principais fases de crescimento das plantas de chá:

a. **Após a poda**: Após a poda das plantas de chá, o ácido húmico ajuda a rejuvenescer as raízes e a promover um crescimento vigoroso.

b. **Durante o stress de nutrientes**: Utilizar o ácido húmico durante os períodos em que as plantas mostram sinais de deficiência de nutrientes, especialmente azoto, fósforo ou potássio.

c. **Aplicação antes da monção**: Aplicar antes da estação das monções para melhorar a disponibilidade de nutrientes e a estrutura do solo durante o período das chuvas.

Os efeitos do ácido húmico no solo e nas plantas do viveiro de chá:

Sabe-se que os ácidos húmicos possuem muitas propriedades benéficas no solo dos viveiros ou dos tubos:

a) ***Utilização da água:*** Os ácidos húmicos podem reduzir significativamente a evaporação da água e aumentar a sua utilização pelas plantas em solos não argilosos, áridos e arenosos. Além disso, aumentam a capacidade de retenção de água dos solos.

b) ***Melhoria da estrutura do solo e da retenção de água:*** O ácido húmico aumenta a agregação do solo, melhorando a sua estrutura. Aumenta a capacidade do solo para reter água e aumenta a sua porosidade, o que promove a penetração das raízes e reduz o stress hídrico durante os períodos de seca.

c) ***Utilização de fertilizantes:*** Os humatos possuem capacidades de permuta iónica extremamente elevadas, o que lhes permite reter os catiões de forma a torná-los mais facilmente disponíveis para as raízes das plantas, melhorando assim a transferência de micronutrientes para o sistema circulatório da planta. Os ácidos húmicos são particularmente eficazes quando adicionados com adubo em faixas no momento da plantação.

d) ***Disponibilidade e absorção de nutrientes:*** Uma das principais funções do ácido húmico no solo é a sua capacidade de quelatar nutrientes, tornando-os mais disponíveis para as plantas. Em solos ácidos, onde o chá é normalmente cultivado, nutrientes essenciais como o fósforo, o cálcio e o ferro podem ficar indisponíveis para as plantas devido a interações químicas com as partículas do solo. Os ácidos húmicos ajudam a desbloquear estes nutrientes.

e) ***Germinação de sementes:*** Não só as sementes germinam mais rapidamente quando os ácidos húmicos estão presentes, como também uma maior percentagem de sementes germina.

f) ***Estimulação de microorganismos:*** Os ácidos húmicos tornam-se uma fonte de fosfato e carbono, estimulando as populações de microflora. Também fornecem sítios para a colonização microbiana. Um solo saudável com uma microflora equilibrada suporta plantas saudáveis.

g) ***Contaminação:*** Os ácidos húmicos podem ligar metais pesados, hidrocarbonetos poliaromáticos, pesticidas e partículas virais *in vivo,* reduzindo a sua toxicidade. Além disso, reduzem o sódio tóxico e retiram o sódio das partículas de argila.

h) ***Propriedades do solo:*** Os humatos reduzem a erosão do solo, aumentando as forças de coesão das partículas muito finas do solo. Melhoram a estrutura do solo e melhoram as propriedades físicas do solo, aumentando a capacidade de troca e as qualidades tampão, promovendo a quelação de muitos elementos e tornando-os disponíveis para as plantas,

i) ***Crescimento das plantas:*** Os ácidos húmicos ajudam a corrigir a clorose das plantas, aumentam a permeabilidade das membranas das plantas e intensificam os sistemas enzimáticos das plantas. Aceleram a divisão celular, apresentam um maior desenvolvimento das raízes e diminuem a deterioração causada pelo stress. Sob a influência dos ácidos húmicos, as plantas crescem mais fortes e saudáveis e resistem melhor às doenças das plantas.

j) ***Melhoria do equilíbrio do pH do solo:*** O ácido húmico pode tamponar o pH do solo, tornando-o menos ácido ao longo do tempo. Isto é particularmente benéfico nas plantações de chá, que são geralmente cultivadas em solos ácidos com um pH entre 4,5 e 5,5. A manutenção de um pH equilibrado assegura a disponibilidade de nutrientes essenciais e reduz a necessidade de calagem.

k) ***Actua como bioestimulante:*** O ácido húmico é classificado como um bioestimulante vegetal: Um material que promove o crescimento, a saúde e o desenvolvimento das plantas através da indução da atividade hormonal. Os bioestimulantes também ajudam as plantas a combater os radicais livres, protegendo-as dos danos causados pelos lípidos (gorduras), proteínas e ADN no interior das células da planta.

l) ***Redução do uso de fertilizantes químicos:*** Ao melhorar a disponibilidade e a retenção de nutrientes, o ácido húmico permite aos produtores de chá reduzir a utilização de fertilizantes sintéticos. As substâncias húmicas retardam a libertação de nutrientes, especialmente de azoto, evitando a lixiviação e assegurando um fornecimento constante às plantas do chá.

m) ***Atividade Antioxidante:*** Os danos causados pelo stress ambiental às células vegetais estão correlacionados com o aumento das espécies reactivas de oxigénio ou radicais livres, tais como o superóxido, o peróxido de hidrogénio e o radical hidroxilo na planta. O ácido húmico aplicado como foliar aumenta a presença de vários antioxidantes nas folhas.

Diferenças entre o ácido húmico e os fertilizantes:

O ácido húmico não é tecnicamente um fertilizante, uma vez que não fornece diretamente nutrientes às plantas, mas funciona como um complemento do fertilizante. No entanto, as diferenças entre o ácido húmico e o fertilizante podem ser resumidas da seguinte forma

a) Os ácidos húmicos são mais conhecidos como um condicionador do solo que torna os solos pobres bons e os solos bons óptimos. Os ácidos húmicos funcionam melhor quando aplicados com fertilizantes para criar condições de crescimento óptimas. Os ácidos húmicos não são fertilizantes, mas podem ser adicionados a qualquer receita de fertilizante como um complemento.
b) Os fertilizantes são analisados com base no seu valor de Azoto, Fósforo e Potássio ou Potassa (N-P-K). Os Ácidos Húmicos são analisados com base no seu conteúdo de húmus e no caso da Terra Preta esse valor é superior a 80%.
c) Os ácidos húmicos têm a capacidade de melhorar o desempenho do solo, mesmo que seja um solo marginal. Os fertilizantes fornecem uma fonte de nutrientes para a planta, mas raramente têm qualquer benefício para o solo. Quando aplicados em solos arenosos, os ácidos húmicos podem fornecer matéria orgânica e ajudar a reter a água, o que é essencial para o crescimento das plantas. Alguns fertilizantes são móveis no solo e têm o potencial de lixiviar para fora da zona das raízes em solos arenosos.

d) Todos nós sabemos que os fertilizantes são insumos essenciais em qualquer sistema de cultivo. Com os ácidos húmicos, somos capazes de aumentar a eficiência desses fertilizantes, aumentando a absorção e retenção de nutrientes. Além disso, os ácidos húmicos podem adicionar matéria orgânica a solos deficientes, aumentar a vitalidade das raízes, aumentar a síntese de clorofila, melhorar a germinação de sementes, estimular a atividade microbiana benéfica e ter plantas mais saudáveis e melhores rendimentos.

Efeito secundário da utilização excessiva de ácido húmico:

a) ***Desequilíbrio dos nutrientes do solo:*** Níveis elevados de ácido húmico podem levar a uma acumulação excessiva de certos nutrientes, como o fósforo, no solo, o que pode perturbar o equilíbrio dos nutrientes. Este facto pode interferir com a disponibilidade de outros nutrientes essenciais, como o ferro e o zinco. Os desequilíbrios de nutrientes podem afetar a saúde da planta do chá, levando a sintomas de deficiências ou toxicidades de micronutrientes, reduzindo assim a produtividade e a qualidade das folhas.

b) ***Acidez excessiva do solo:*** Embora os ácidos húmicos possam ser benéficos para melhorar a estrutura do solo e a retenção de nutrientes, a sua aplicação excessiva pode aumentar a acidez do solo, especialmente em solos já ácidos, típicos das plantações de chá. O aumento da acidez do solo pode restringir o crescimento das raízes, prejudicar a absorção de nutrientes e afetar a saúde da planta do chá, levando potencialmente a um crescimento atrofiado e a uma redução da produção.

c) ***Redução da atividade microbiana e desequilíbrio do microbioma do solo:*** A utilização excessiva de ácido húmico pode alterar o equilíbrio microbiano do solo, favorecendo certos microrganismos em detrimento de outros, o que pode perturbar o microbioma natural do solo. Um microbioma do solo saudável é crucial para o ciclo de nutrientes, a decomposição da matéria orgânica e a supressão de doenças. Os desequilíbrios podem reduzir a fertilidade do solo e aumentar o risco de doenças transmitidas pelo solo.

d) ***Encharcamento e má drenagem:*** O ácido húmico melhora a retenção de água no solo, mas uma aplicação excessiva pode levar a condições de encharcamento, particularmente em solos argilosos pesados. O excesso de retenção de água pode restringir a oxigenação das raízes e aumentar o risco de apodrecimento das mesmas. Os solos encharcados dificultam a respiração das raízes e reduzem o vigor das plantas, conduzindo a um crescimento deficiente e a uma maior suscetibilidade a doenças.

e) ***Inibição do crescimento radicular em concentrações muito elevadas:*** O ácido húmico promove o desenvolvimento radicular a níveis moderados, mas a concentrações elevadas pode inibir o crescimento radicular ou causar deformações radiculares, o que pode afetar a estabilidade da planta e a absorção de nutrientes. O fraco crescimento das raízes nas plantas de chá pode levar à redução da absorção de água e nutrientes, afectando a saúde e a produtividade das plantas.

2) HORMONA DE CRESCIMENTO NATURAL (AUXINAS)

As auxinas são um grupo de hormonas de crescimento vegetal de ocorrência natural, responsáveis principalmente pela regulação de vários processos fisiológicos nas plantas. Enquanto hormonas naturais de crescimento, as auxinas, em especial o ácido indol-3-acético (IAA), desempenham um papel fundamental no alongamento celular, na iniciação das raízes, na dominância apical e no fototropismo (crescimento em direção à luz).

Existem dois tipos principais de auxinas: *Auxinas naturais* - Estas são auxinas que ocorrem naturalmente nas partes das plantas e, por conseguinte, são consideradas fitohormonas. A auxina natural mais conhecida e universalmente presente é o ácido indole-3-acético. Outras auxinas naturais são o ácido hidole-3-pirúvico, o indole-3-etanol, o indole-3-acetaldeído, etc. As auxinas naturais podem ocorrer nas plantas sob a forma de auxinas livres e de auxinas ligadas. *Auxinas sintéticas* - São substâncias químicas sintetizadas por químicos que causam várias acções fisiológicas semelhantes às IAA. Não são tratadas como fitohormonas, mas são consideradas reguladores do crescimento das plantas. Algumas das auxinas sintéticas são Ácido indole-3-butírico (IBA), ácido indole-

3-propiónico (IPA), ácido α- e β-naftalenoacético (NAA), ácido 2, 4-diclorofenoxiacético (2, 4-D), ácidos benzóicos, etc.

As auxinas podem ser cruciais para a regulação do crescimento e desenvolvimento nas plantações de chá. Representadas principalmente pelo ácido indol-3-acético (IAA), as auxinas influenciam o alongamento celular, o início da raiz, a dominância apical e vários processos fisiológicos nas plantas. O seu papel como hormonas naturais de crescimento na cultura do chá é fundamental para alcançar um crescimento saudável, uma estrutura óptima do arbusto e uma produção de folhas de alta qualidade.

Papel da hormona de crescimento Auxins:

a) ***Estimular a formação de raízes:*** As auxinas, nomeadamente o ácido indol-3-butírico (IBA) e o ácido indol-3-acético (IAA), promovem a iniciação e o desenvolvimento das raízes nas estacas de chá. Estimulam a divisão e o alongamento das células radiculares, conduzindo a sistemas radiculares mais fortes e mais extensos. O enraizamento melhorado nas estacas de chá melhora as taxas de sobrevivência, a absorção de nutrientes e a saúde geral das plantas jovens de chá, apoiando o estabelecimento e o crescimento inicial.
b) ***Dominância apical e forma do arbusto:*** As auxinas desempenham um papel crucial na manutenção da dominância apical, em que o caule principal suprime o crescimento dos botões laterais No cultivo do chá, a regulação da dominância apical permite o controlo da forma da planta, promovendo a ramificação lateral através da poda. A otimização da forma do arbusto e do crescimento lateral aumenta a área de superfície disponível para a colheita, o que aumenta o rendimento.
c) ***Melhorar o crescimento dos rebentos e a qualidade das folhas:*** As auxinas estimulam o alongamento celular, o que promove o crescimento dos rebentos e aumenta o tamanho das folhas, beneficiando diretamente a produção de folhas de chá de alta qualidade. O crescimento melhorado dos rebentos resulta em folhas tenras que são ideais para a colheita, aumentando assim a quantidade e a qualidade das folhas de chá colhidas.

d) ***Aumento do rendimento através da aplicação foliar:*** *Estudos* exploraram aplicações foliares de auxinas sintéticas (como o ácido naftalenoacético, NAA) para suplementar os níveis naturais de auxina, aumentando o crescimento dos rebentos e o tamanho das folhas nas plantas de chá. Esta aplicação pode levar a um aumento da produtividade e a folhas de melhor qualidade, vitais para a indústria do chá.

e) ***Melhorar a absorção e translocação de nutrientes:*** As auxinas ajudam na absorção de nutrientes, estimulando a expansão do sistema radicular, o que permite à planta absorver água e nutrientes de forma mais eficiente. Uma melhor absorção de nutrientes melhora a saúde e a produtividade geral da planta, levando a um rendimento foliar de maior qualidade.

f) ***Resistência ao stress:*** As auxinas ajudam na gestão do stress, regulando a divisão e o alongamento celular, o que ajuda as plantas de chá a tolerar melhor a seca e outros stresses ambientais. Esta propriedade é crucial em regiões onde as alterações climáticas estão a afetar a disponibilidade de água e a estabilidade da temperatura.

Aplicação de Auxinas:

a) **Hormona de enraizamento para estacas de chá:**

a. **Método**: As estacas de chá podem ser mergulhadas numa solução de auxina de baixa concentração

(geralmente 100-500 ppm de IBA ou NAA) durante alguns segundos antes da plantação. Em alternativa, também se podem aplicar pós ou géis de auxina nas extremidades cortadas das estacas.

b. **Benefícios**: Melhoria do sucesso do enraizamento, estabelecimento mais rápido e mais saudável

plantas jovens

b) **Aplicação foliar para aumentar o crescimento e o rendimento**:

a. **Método**: Pulverizar uma solução diluída de auxina (por exemplo, 10-50 ppm) diretamente sobre a folhagem, concentrando-se nos rebentos jovens. A melhor forma de o fazer é durante as fases de crescimento ativo da planta do chá (por exemplo, na primavera ou após a monção) para evitar o desperdício de aplicações durante a dormência.

b. **Benefícios**: Aumento do rendimento e melhoria da qualidade das folhas de chá, uma vez que as auxinas estimulam o crescimento de rebentos tenros, que são óptimos para a produção de chá

c) **Regulação da dominância apical para a formação de arbustos**:

a. **Método**: Este processo requer frequentemente a poda manual em vez da aplicação direta de auxinas, mas também pode ser apoiado por uma aplicação controlada de auxinas em determinadas fases para orientar os padrões de crescimento.

b. **Benefícios**: Otimização da forma do arbusto e aumento do crescimento lateral, o que leva a uma maior quantidade de folhas depenáveis Auxin-Enhanced

d) **Resistência ao stress ambiental:**

a. **Método**: As aplicações foliares regulares mas diluídas durante os períodos secos ou antes das condições de stress previstas podem aumentar a resistência.

b. **Benefícios**: Aumento da resistência à seca e recuperação mais rápida após eventos de stress, o que é especialmente valioso em regiões sensíveis ao clima.

Efeito secundário da utilização excessiva de Auxins:

a) **Inibição do crescimento das raízes laterais a concentrações elevadas:** Uma concentração excessiva de auxina pode inibir o crescimento das raízes laterais, conduzindo a deformações radiculares ou a um fraco desenvolvimento das raízes, o que pode afetar a absorção de nutrientes e a estabilidade da planta. Isto pode comprometer a saúde e o rendimento da planta, uma vez que raízes laterais bem desenvolvidas são essenciais para a absorção de nutrientes e água.

b) **Supressão do crescimento de gemas laterais:** As auxinas mantêm a dominância apical, o que promove o crescimento do caule principal enquanto suprime as gemas laterais. O uso excessivo ou o momento inadequado da aplicação de auxinas pode suprimir excessivamente o crescimento lateral, reduzindo o arbusto. Uma planta de chá menos arbustiva tem menos rebentos que podem ser colhidos, o que limita o número de folhas disponíveis para a colheita.

c) **Abscisão de folhas e botões induzida por auxina:** As auxinas podem, por vezes, desencadear a abscisão (queda de folhas e botões) em concentrações elevadas ou durante certas fases de crescimento, afectando negativamente o potencial produtivo da planta. Isto pode reduzir o número de folhas disponíveis para a colheita, afectando tanto o rendimento como a qualidade.

d) **Redução da tolerância ao stress ambiental:** Embora as auxinas possam ajudar na resistência ao stress, a sua utilização excessiva pode estimular demasiado o crescimento, deixando as plantas mais vulneráveis a factores de stress ambiental como a seca e a deficiência de nutrientes. As plantas sobre-estimuladas podem também ter reservas de hidratos de carbono reduzidas, tornando-as menos resistentes. Esta reduzida tolerância ao stress pode afetar a saúde e a longevidade das plantas, especialmente nas regiões produtoras de chá, cada vez mais afectadas pela variabilidade climática.

e) **Impacto negativo nos microrganismos do solo:** As auxinas sintéticas, quando utilizadas em quantidades elevadas, podem alterar as comunidades microbianas do solo essenciais para o ciclo de nutrientes e a saúde do solo. Alguns organismos benéficos do solo podem ser sensíveis aos compostos de auxinas sintéticas, o que pode perturbar o ecossistema do solo. Isto pode levar a uma pior saúde do solo ao longo do tempo, afectando o crescimento e a produtividade das plantas de chá.

3) HORMONA DE CRESCIMENTO NATURAL [ÁCIDO GIBERÉLICO (GA_3)]

As giberelinas, tal como as auxinas, são substâncias químicas que têm a capacidade de influenciar o crescimento e o desenvolvimento das plantas. O ácido giberélico (GA_3) é uma hormona vegetal natural (fito-hormona) da família das giberelinas, envolvida na regulação de vários aspectos do crescimento e desenvolvimento das plantas. As

giberelinas, nomeadamente o GA_3 , são responsáveis por promover o alongamento celular, quebrar a dormência e estimular a germinação das sementes. O GA3 é amplamente utilizado na agricultura para aumentar o crescimento das plantas, melhorar o rendimento das culturas e regular os padrões de floração e frutificação.
Quimicamente, o ácido giberélico é um composto diterpenóide, que é aplicado às plantas para induzir respostas semelhantes às das giberelinas que ocorrem naturalmente.

Funções-chave do ácido giberélico:

a) ***Estimula o alongamento celular:*** O que leva ao aumento da altura da planta e à expansão das folhas.

b) ***Aumenta o crescimento do caule e das raízes:*** Importante para a propagação vegetativa e o estabelecimento de plantas jovens.

c) ***Quebra a dormência das sementes:*** Promove a germinação das sementes nas culturas.

d) ***Induz a floração e a frutificação:*** Especialmente em culturas que têm dificuldade em florescer.

Condições ambientais óptimas para a aplicação de GA3: Para maximizar a eficácia do GA3, é importante aplicá-lo em condições ambientais favoráveis:

a) **Temperatura**: O GA3 funciona melhor quando aplicado em temperaturas moderadas (2030°C). As temperaturas elevadas podem reduzir a sua eficácia.
b) **Humidade**: Assegurar que as plantas são adequadamente regadas antes e depois da aplicação de GA3 para facilitar a absorção.
c) **Luz solar**: Aplicar GA3 durante o início da manhã ou ao fim da tarde para evitar a luz solar direta, que pode degradar a hormona.

Introduzir o ácido giberélico (GA3):

O ácido giberélico (GA3) desempenha um papel crucial na promoção do alongamento celular, estimulando o crescimento dos rebentos e quebrando a dormência das plantas. Nas plantações de chá, o GA3 é utilizado para aumentar o crescimento vegetativo, estimular o desenvolvimento dos rebentos e aumentar o rendimento global das folhas de chá, especialmente durante fases críticas como a pós-poda e antes do primeiro rebento.

a) Aplicação por pulverização foliar: Uma das formas mais comuns e

O método mais eficaz de aplicação de GA3 nas plantações de chá é através de uma pulverização foliar. Isto assegura a rápida absorção da hormona pela planta através das suas folhas.

Procedimento:

a. **Preparação**: Utilizar o GA3 sob a forma de solução líquida ou dissolver o GA3 em pó em água.

Diluição: Normalmente, 10-50 ppm (partes por milhão) de GA3 é usado para pulverização foliar em chá. Para preparar uma solução de 10 ppm, dissolva 1 grama de GA3 em 100 litros de água.

b. **Tempo de aplicação**: Aplicar a solução GA3 durante o início da manhã ou ao fim da tarde para minimizar a evaporação e assegurar uma absorção óptima.

c. **Pulverização**: Utilizar um pulverizador de névoa fina para aplicar a solução uniformemente nas folhas das plantas de chá.

d. **Frequência**: Os sprays foliares de GA3 podem ser aplicados 2-3 vezes durante a estação de crescimento. A primeira aplicação é frequentemente efectuada após a poda, e as aplicações subsequentes são programadas para estimular o crescimento do fluxo.

b) Aplicação na fase de crescimento maduro do chá: O GA3 é particularmente eficaz quando aplicado em fases específicas de crescimento das plantas de chá, maximizando os seus benefícios para a abertura de botões e alongamento de rebentos:

a. **Aplicação pós-poda:** Depois de as plantas de chá serem podadas, o GA3 pode ser aplicado para estimular a formação de novos botões e aumentar o crescimento de novos rebentos. Esta aplicação garante uma recuperação mais rápida da poda e promove o crescimento vigoroso de folhas de chá frescas.

Dosagem: Utilizar uma solução de 25-50 ppm de GA3 para pulverização foliar após a poda.

b. **Antes do primeiro fluxo:** O GA3 também pode ser aplicado antes do primeiro fluxo para estimular um desenvolvimento mais rápido dos rebentos e melhorar o rendimento da primeira ronda de colheita de chá.

   Dosagem: Uma concentração mais baixa de GA3 (10-20 ppm) é geralmente suficiente para promover o crescimento precoce.

c) **Aplicação na fase de viveiro:** O GA3 também pode ser aplicado a plântulas de chá durante a fase de viveiro para promover o desenvolvimento precoce de raízes e rebentos. Isto ajuda as plantas jovens a estabelecerem-se mais rapidamente quando são transplantadas para o campo.

Procedimento:

a. **Imersão das plântulas**: Mergulhar as raízes das plântulas de chá numa solução de GA3 a 10-20 ppm durante 15-20 minutos antes da plantação.
b. **Pulverização foliar**: Em alternativa, aplicar uma pulverização foliar de GA3 (10 ppm) nas plântulas 2-3 semanas após a plantação para estimular o desenvolvimento inicial dos rebentos.

d) **Aplicação através da irrigação:** Em áreas onde são utilizados sistemas de irrigação, o GA3 pode ser aplicado através da água de irrigação para garantir uma distribuição uniforme a todas as plantas no campo.

Procedimento: Aplicar através do sistema de irrigação, assegurando que a solução atinge a zona das raízes das plantas de chá. Este método é particularmente útil durante os períodos de tempo seco, quando a pulverização foliar pode não ser viável.

Dosagem: Misturar 1-2 gramas de GA3 em 1000 litros de água para irrigação por gotejamento.

e) **Combinação com outros reguladores do crescimento das plantas:** O GA3 pode ser utilizado em combinação com outros reguladores de crescimento, como as citocininas e as auxinas, para aumentar o efeito global no crescimento das plantas e no rendimento foliar. Por exemplo, a combinação de GA3 com citocinina pode promover a divisão e o alongamento celular simultaneamente, melhorando o comprimento dos rebentos e o tamanho das folhas.

   Procedimento:

   a. Misturar GA3 com citocinina ou auxina de acordo com as taxas recomendadas. Por exemplo, uma combinação de 10-20 ppm de GA3 com 5 ppm de citocinina demonstrou melhorar o crescimento da planta do chá.
   b. Aplicar como pulverização foliar em fases críticas de crescimento, particularmente após a poda ou durante o período de floração precoce.

Benefícios da utilização do ácido giberélico:

a) **Promovem o crescimento dos rebentos e a produção de folhas:** As giberelinas têm um efeito marcado no alongamento dos rebentos, especialmente dos entrenós. É geralmente aceite que os entrenós se alongam não devido à divisão celular, mas principalmente devido ao alongamento celular. A aplicação de GA3 estimula o crescimento de novos rebentos, o que afecta diretamente o número de folhas jovens produzidas. Nas plantações de chá, as folhas jovens frescas são o principal material utilizado para a produção de chá. O GA3 promove o alongamento dos rebentos e aumenta a produção de folhas colhíveis, conduzindo a rendimentos mais elevados.
b) **Quebra de dormência no inverno e no início da primavera:** Em algumas

regiões produtoras de chá, especialmente nas de clima mais frio, as plantas de chá entram num período de dormência durante o inverno. A aplicação de ácido giberélico no início da primavera pode quebrar esta dormência, estimulando o crescimento precoce dos rebentos e permitindo uma colheita mais cedo.

c) **Melhorar o desenvolvimento das raízes em plantas jovens de chá:** Nos viveiros de chá, onde as plantas jovens de chá são propagadas, o GA3 é frequentemente utilizado para promover o crescimento e o estabelecimento das raízes. Um sistema radicular robusto é fundamental para a absorção de nutrientes e água, o que afecta diretamente o crescimento e a sobrevivência das plantas jovens quando transplantadas para o campo.

d) **Melhoria da qualidade das folhas de chá:** Embora o GA3 promova o alongamento dos rebentos e a produção de folhas, também pode afetar a composição química das folhas de chá. Nalguns estudos, verificou-se que as plantas tratadas com GA3 produzem concentrações mais elevadas de catequinas, polifenóis e outros compostos-chave que contribuem para o sabor, aroma e benefícios para a saúde do chá.

e) **Regulação da floração e da produção de sementes:** Embora as plantas de chá sejam cultivadas principalmente pelas suas folhas, o ácido giberélico também pode ser utilizado para gerir a floração e a produção de sementes, especialmente em programas de melhoramento de chá. Promove a floração das plantas de chá, facilitando a polinização cruzada e o desenvolvimento de novas cultivares de chá.

Efeito secundário da utilização excessiva de giberelinas:

a) ***Alongamento excessivo dos rebentos e redução da densidade dos arbustos:*** *O GA3* promove o alongamento do caule, o que, em quantidades excessivas, pode levar a plantas demasiado altas e "pernaltas" com entrenós longos. Isto perturba a estrutura de crescimento compacta ideal para os arbustos de chá, reduzindo a ramificação lateral. Uma estrutura esparsa do arbusto limita o número de rebentos que podem ser colhidos e reduz o rendimento global, uma vez que um arbusto bem ramificado e denso é preferível para maximizar a colheita.

b) ***Aumento da suscetibilidade ao acamamento:*** Caules mais altos e alongados causados por altos níveis de GA3 tornam-se mais propensos ao acamamento, onde os caules se dobram ou quebram sob o peso da planta ou devido ao vento e à chuva. O acamamento pode danificar a estrutura da planta, dificultar a colheita das folhas e deixar as plantas mais vulneráveis a doenças e pragas, comprometendo a saúde e a produtividade da planta.

c) ***Inibição do desenvolvimento da raiz:*** Concentrações elevadas de GA3 podem impedir o crescimento das raízes, uma vez que os recursos são direcionados para o alongamento dos rebentos e não para o estabelecimento das raízes. Nas plantas de chá, sistemas de raízes fortes são essenciais para a absorção de nutrientes e água, especialmente durante os estágios iniciais de crescimento. Um fraco desenvolvimento das raízes conduz a plantas mais fracas, a uma menor resistência ao stress ambiental e a uma saúde geral reduzida.

d) ***Redução da qualidade da folha:*** O uso excessivo de GA3 pode produzir folhas mais finas e menos densas, que podem ser menos adequadas para a produção de chá de alta qualidade. O aumento da expansão celular pode reduzir a textura e a consistência da folha, afectando o sabor e a qualidade. Folhas mais finas podem afetar negativamente a composição química importante para a qualidade do chá, diminuindo o valor de mercado e a atração.

e) ***Perturbação dos ciclos normais de crescimento:*** O GA3 influencia as fases de crescimento, como a abertura de botões e a floração. Níveis excessivos podem perturbar a sincronização destas fases, causando padrões de crescimento desiguais ou a quebra precoce dos botões. A alteração dos ciclos de crescimento pode complicar os horários de colheita, levando a uma qualidade inconsistente das folhas e a uma redução do rendimento, uma vez que o crescimento sincronizado é essencial nas plantações de chá para organizar os horários de colheita.

4) <u>HORMONA NATURAL DE CRESCIMENTO (CITOCININAS)</u>

As citocininas são um grupo de hormonas vegetais envolvidas principalmente na promoção da divisão celular (citocinese) e influenciam a diferenciação celular, a formação de rebentos e o atraso na senescência das folhas. Desempenham um papel crucial na regulação de vários processos fisiológicos, incluindo a mobilização de nutrientes, a dominância apical e a resposta a stresses ambientais como a seca. As citocininas são sintetizadas principalmente nas raízes e transportadas para outras partes da planta, mas também estão presentes noutros tecidos, onde coordenam o crescimento e a adaptação ao stress.

As citocininas são fitohormonas essenciais que regulam o crescimento das plantas e desempenham um papel particularmente importante nas plantações de chá. Promovem a divisão celular e influenciam vários processos de desenvolvimento, incluindo o crescimento de rebentos e a formação de cloroplastos. As citocininas ajudam a manter a saúde das folhas, atrasam a senescência e aumentam a mobilização de nutrientes, o que tem um impacto direto na quantidade e qualidade das folhas colhíveis. Além disso, as citocininas apoiam a tolerância ao stress, melhorando a retenção de água e a absorção de nutrientes, essencial para manter a produtividade em climas flutuantes e melhorar o rendimento do chá de forma sustentável. Assim, as citocininas podem ajudar a melhorar o rendimento, a qualidade das folhas e a saúde das plantas.

Benefícios da utilização de citocininas:

a) **Melhoria do desenvolvimento dos rebentos e dos botões:** O rendimento do chá depende dos rebentos jovens, que são ricos em polifenóis, cafeína e outros compostos-chave. As citocininas promovem a divisão celular e a proliferação dos rebentos, resultando em rebentos mais tenros e adequados para a colheita.

b) **Atraso da senescência das folhas e melhoria da qualidade:** As citocininas retardam o processo de envelhecimento (senescência) das folhas, o que ajuda a manter o teor de clorofila, os níveis de antioxidantes e outros compostos que contribuem para a qualidade do chá. Ao reter a clorofila, as citocininas mantêm os compostos de cor e sabor das folhas de chá, especialmente nos chás verde e branco, onde a frescura é fundamental.

c) **Tolerância à seca:** As citocininas desempenham um papel na regulação da água e no comportamento dos estomas, tornando as plantas mais resistentes à seca. Também melhoram o desenvolvimento das raízes, o que permite às plantas aceder a fontes de água mais profundas. Em condições de seca, as plantas de chá tratadas com citocininas apresentam uma redução do enrolamento e murchamento das folhas, preservando o rendimento e a qualidade.

d) **Equilíbrio de outras hormonas:** As citocininas interagem com outras hormonas vegetais, como as auxinas, equilibrando o crescimento dos rebentos e das raízes e influenciando a dominância apical. Quando aplicadas em combinações específicas, as citocininas podem aumentar a ramificação e a densidade dos rebentos, conduzindo a um crescimento mais uniforme e mais fácil de colher.

e) **Melhoria da mobilização de nutrientes**: As citocininas ajudam na redistribuição de nutrientes dentro da planta, melhorando a resistência a deficiências de nutrientes.

Aplicação de citocininas:

As citocininas podem ser aplicadas através de pulverizações foliares ou tratamentos radiculares. No entanto, o momento e a dosagem devem ser cuidadosamente geridos para maximizar os benefícios sem causar desequilíbrios no crescimento das plantas. A aplicação a cada 2-4 semanas durante os períodos de crescimento ativo é típica, embora possam ser necessários ajustes com base nas condições ambientais e na cultivar de chá.

a) **Promover o desenvolvimento de rebentos:**

   a. **Método de aplicação:** A pulverização foliar ou a aplicação radicular de citocininas pode ser utilizada para promover a ramificação e o desenvolvimento de mais rebentos. Normalmente, são aplicadas nas principais fases de crescimento para maximizar o efeito.

b. **Concentração:** Geralmente, as citocininas são utilizadas em concentrações baixas. A concentração exacta pode variar de acordo com a cultivar, mas estudos sugerem resultados eficazes com 1-5 ppm (partes por milhão) de cinetina ou benzilaminopurina (BAP), duas citocininas comuns.

b) **Melhorar a qualidade das folhas e atrasar a senescência:**

a. **Calendário de aplicação:** A aplicação de citocininas antes da época de colheita pode maximizar a vitalidade das folhas.

b. **Resultados:** O efeito anti-senescência ajuda a preservar a clorofila e os antioxidantes, melhorando a qualidade e o perfil bioquímico das folhas.

c) **Aumento da resistência à seca:**

a. **Momento de aplicação:** Aplicar durante o stress hídrico inicial para maximizar a resistência. Esta aplicação reforça a resistência das plantas, minimizando o enrolamento das folhas e o crescimento atrofiado em condições de stress.

d) **Regulação do equilíbrio do crescimento com outras hormonas:**
Combinação: Por vezes, as aplicações de citocininas são combinadas com outras hormonas para um melhor equilíbrio e controlo da morfologia da planta, particularmente se for desejado um crescimento vertical vigoroso ou um aumento da relação raiz/raiz.

Frequência de aplicação:

a) **Frequência de aplicação**: Para pulverizações foliares, as citocininas são normalmente aplicadas a cada 15-30 dias durante os períodos de crescimento ativo.

b) **Considerações ambientais**: Assegurar que as aplicações são efectuadas nas horas mais frescas do dia, como o início da manhã ou o fim da tarde, para reduzir a evaporação e melhorar a absorção.

Efeito secundário da utilização excessiva de citocininas:

A aplicação excessiva de citocininas nas plantações de chá pode levar a vários efeitos secundários indesejados, que podem prejudicar a saúde das plantas, reduzir a qualidade da produção e perturbar a dinâmica de crescimento das plantas.

a) ***Proliferação excessiva de rebentos e diminuição da qualidade das folhas:*** O excesso de citocininas pode causar uma proliferação excessiva de rebentos, o que pode levar a folhas mais pequenas e amontoadas. Isto pode reduzir a qualidade das folhas individuais, uma vez que as folhas mais pequenas podem ter concentrações mais baixas de compostos desejáveis, como os polifenóis. A folhagem mais pequena e mais densa aumenta a competição entre os rebentos, o que pode afetar negativamente o tamanho, a forma e a qualidade das folhas de chá.

b) ***Redução do crescimento e estabilidade das raízes:*** As citocininas tendem a promover o crescimento dos rebentos em detrimento do desenvolvimento das raízes. O uso excessivo pode perturbar o equilíbrio entre as partes acima e abaixo do solo da planta, levando a sistemas radiculares mais fracos que lutam para suportar a planta, especialmente sob stress. Um sistema radicular fraco aumenta a suscetibilidade ao stress hídrico e à deficiência de nutrientes, reduzindo a capacidade da planta para suportar um crescimento vigoroso dos rebentos.

c) ***Desequilíbrio hormonal e distorções do crescimento:*** As citocininas interagem com outras hormonas, como as auxinas e as giberelinas. Níveis excessivos de citocininas podem perturbar estes equilíbrios hormonais, conduzindo a anomalias de crescimento, tais como formas distorcidas das folhas, desenvolvimento desigual dos rebentos e padrões de crescimento desequilibrados. Estas distorções de crescimento podem diminuir a qualidade estética e comercial global das folhas de chá, especialmente na produção de chá de alta qualidade.

d) ***Aumento da vulnerabilidade a pragas e doenças:*** A aplicação excessiva de citocinina pode estimular um crescimento exuberante e tenro dos rebentos, que pode atrair pragas e agentes patogénicos. A densa copa das árvores pode criar um microclima húmido, favorecendo as doenças fúngicas e bacterianas. Uma maior suscetibilidade a pragas e doenças pode levar a custos adicionais de gestão de pragas e reduzir potencialmente o rendimento global e a qualidade das folhas.

e) ***Redução da resistência à seca:*** As citocininas reduzem geralmente o crescimento das raízes a favor dos rebentos, o que diminui a capacidade da planta para absorver água e sobreviver em condições de seca. Em ambientes com escassez de água, este desequilíbrio pode levar a um aumento da sensibilidade à seca, tornando a planta mais suscetível ao stress hídrico e à murchidão.

Para evitar estes efeitos secundários, é aconselhável:

a. Utilizar as citocininas em doses moderadas, cuidadosamente calibradas e adaptadas à fase de crescimento das plantas de chá.
b. Alternar a aplicação de citocininas com outros reguladores de crescimento (como as auxinas) para manter um crescimento equilibrado.
c. Monitorizar regularmente as plantas para detetar sinais de crescimento excessivo, desequilíbrio hormonal ou maior suscetibilidade a pragas.

5) HORMONA VEGETAL DO STRESS [ÁCIDO ABSCÍSICO (ABA)

O ácido abscísico (ABA) é uma hormona vegetal natural que regula vários processos fisiológicos cruciais para a sobrevivência, o crescimento e o desenvolvimento das plantas. O ácido abscísico é uma hormona inibidora do crescimento, uma vez que inibe ou suprime o crescimento das plantas. Esta hormona é frequentemente designada por "hormona do stress" ou também conhecida como "fator de resistência das plantas ao stress", uma vez que induz a dormência das sementes para ultrapassar as condições de stress. O ABA desempenha um papel importante ao ajudar as plantas a responder a stresses ambientais como a seca, a salinidade elevada e as temperaturas extremas. Foi descoberto pela primeira vez na década de 1960 e o seu nome deve-se ao seu papel na promoção da *abscisão - a* queda de folhas e frutos em condições de stress.

Na cultura do chá, o ABA desempenha um papel crucial, ajudando as plantas do chá a resistir a stresses ambientais, a regular a dormência e a manter o equilíbrio hídrico, contribuindo assim para a saúde e produtividade das plantas. Como modulador de crescimento, a influência do ABA nas plantas de chá pode afetar significativamente a qualidade, o rendimento e a resiliência das culturas, o que é essencial para uma produção de chá sustentável e rentável. A aplicação de ácido abscísico (ABA) pode ajudar a melhorar a resistência das plantas, otimizar os ciclos de crescimento e melhorar a qualidade das folhas. Ao aproveitar as funções naturais do ABA na tolerância ao stress, regulação da dormência e modulação da qualidade, os produtores de chá podem aumentar a produtividade e a qualidade de forma sustentável. No entanto, a utilização eficaz do ABA requer um momento, dosagem e técnicas de aplicação adequados para evitar potenciais impactos negativos na saúde das plantas e no ambiente. A utilização do ácido abscísico nas plantações de chá oferece benefícios substanciais no aumento da tolerância ao stress, na otimização dos ciclos de crescimento e na melhoria da qualidade das folhas.

Benefícios do ácido abscísico:

a) **Tolerância à seca e ao stress**: O ABA é essencial na resposta da planta do chá à seca e ao stress hídrico, que são comuns em muitas regiões de cultivo de chá. Durante os períodos de escassez de água, os níveis de ABA aumentam, levando ao fecho dos estomas que minimiza a perda de água através da transpiração. Esta resposta protetora ajuda as plantas de chá a conservar água e a sobreviver a condições de seca, o que pode manter a estabilidade da produção mesmo em climas adversos. Através da tolerância ao stress induzida pelo ABA, as plantações de chá podem mitigar as perdas de produtividade e adaptar-se melhor à variabilidade climática.

b) **Regulação da dormência e ciclos de crescimento**: O ácido abscísico desempenha um papel fundamental na indução da dormência nas plantas de chá durante condições desfavoráveis, como o inverno. A dormência permite que as plantas de chá conservem recursos, abrandando as actividades metabólicas até ao regresso de condições de crescimento favoráveis, o que é especialmente importante para alinhar os ciclos de crescimento com os horários de colheita. A regulação da dormência e da reativação baseada no ABA pode ajudar a otimizar o rendimento, sincronizando o crescimento das plantas com os períodos ideais de colheita, reduzindo a utilização de recursos durante as épocas baixas.

c) **Senescência e queda das folhas**: O ABA também promove a senescência (envelhecimento) e a abscisão (queda) das folhas, ajudando as plantas do chá a conservar recursos sob stress. À medida que os níveis de ABA aumentam, a planta é alertada para a queda das folhas mais velhas e menos produtivas, conservando assim energia para os rebentos mais novos e produtivos. Este processo pode melhorar a qualidade das folhas de chá colhidas, concentrando o crescimento nas folhas jovens, que têm concentrações mais elevadas de compostos desejáveis, contribuindo para a qualidade e o valor de mercado do chá.

d) **Melhoria da qualidade do chá através da modulação de metabolitos secundários**: O ABA também pode afetar os níveis de metabolitos secundários no chá, como as catequinas e os polifenóis, que são fundamentais para o sabor, o aroma e os benefícios para a saúde do chá. A investigação sugere que o ABA influencia a síntese destes compostos, afectando assim as qualidades sensoriais do chá. A gestão dos níveis de ABA pode ajudar os produtores de chá a melhorar a qualidade das folhas e a alinhá-las com as preferências dos consumidores por sabores e aromas específicos.

e) **Implicações ambientais e económicas**: Através do seu papel na tolerância ao stress e na modulação do crescimento, o ABA ajuda a reduzir a necessidade de irrigação intensiva, o que é especialmente benéfico em regiões com escassez de água. Além disso, a influência do ABA na dormência e nos ciclos de crescimento pode ajudar a racionalizar a mão de obra e as práticas de colheita, contribuindo, em última análise, para a sustentabilidade económica das plantações de chá. Ao aumentar a resistência e a qualidade das plantas, as práticas baseadas no ABA apoiam uma abordagem mais sustentável ao cultivo do chá.

Melhores práticas de utilização do ácido abscísico em plantações de chá:

a) **Gestão do stress da seca**: O ABA pode ser aplicado às plantas de chá para mitigar os efeitos da seca, induzindo o fecho dos estomas, o que reduz a perda de água. A pulverização foliar de ABA no início dos períodos de seca pode ajudar as plantas a conservar água. Estudos de campo sugerem que a aplicação de ABA em concentrações entre 100-150 µM nas folhas de chá antes das condições de seca pode aumentar a eficiência do uso da água e reduzir as taxas de transpiração. Esta abordagem proactiva ajuda as plantas de chá a manter a hidratação e a resistir aos danos causados pela seca.

b) **Indução de dormência para controlo do ciclo de crescimento**: O ABA pode ser utilizado para regular a dormência durante épocas de crescimento desfavoráveis, como o inverno. A aplicação de ABA antes da época de dormência ajuda a sinalizar às plantas de chá para abrandarem o crescimento e conservarem energia. Ao assegurar um período de dormência, os produtores podem alinhar os ciclos de crescimento das plantas com as épocas de colheita óptimas, conduzindo a fluxos mais saudáveis durante as épocas de pico de produção. O momento da aplicação é crítico; recomenda-se geralmente a pulverização de ABA cerca de 2-3 semanas antes do período de dormência, em doses que variam de 50-100 μM.

c) **Melhorar a qualidade das folhas através da modulação dos metabolitos secundários**: A investigação demonstrou que a aplicação de ABA pode aumentar a concentração de metabolitos secundários benéficos nas folhas de chá, como as catequinas e os polifenóis. Estes compostos contribuem para o sabor, o aroma e os benefícios para a saúde do chá. O tratamento com ABA em fases específicas de crescimento, especialmente antes da colheita, tem sido associado ao aumento da produção de metabolitos secundários. Uma concentração de cerca de 75-125 μM, aplicada duas semanas antes da colheita, tem sido eficaz na melhoria da qualidade do chá.

d) **Controlo da senescência e da abscisão das folhas**: O ABA pode ser aplicado a plantas de chá mais velhas para controlar a senescência e a queda das folhas. Ao promover a queda das folhas mais velhas, o ABA ajuda a concentrar a energia da planta em novos rebentos, melhorando a qualidade das folhas que acabam por ser colhidas. Doses baixas de ABA, aplicadas como pulverização foliar de poucas em poucas semanas durante a fase de crescimento, ajudam a equilibrar a saúde das folhas sem induzir uma senescência excessiva.

e) **Considerações ambientais e frequência de aplicação**: Uma vez que as aplicações de ABA sintético podem ser dispendiosas e podem levar a riscos ambientais se forem utilizadas em excesso, os produtores de chá devem aderir a doses baixas e controladas e aplicar ABA apenas quando necessário. Os bioestimulantes que aumentam naturalmente os níveis de ABA nas plantas podem ser uma alternativa mais amiga do ambiente para uma utilização regular. A frequência de aplicação deve ser reduzida ao mínimo para evitar o potencial impacto ambiental e reduzir os custos.

Efeitos secundários do ácido abscísico (ABA):

A utilização excessiva ou incorrecta de ABA pode provocar efeitos secundários negativos com impacto na saúde das plantas, no rendimento e na sustentabilidade ambiental.

a) **Excesso de senescência e abscisão das folhas**: O ABA é conhecido por promover a senescência (envelhecimento) e a abscisão (queda) das folhas, o que ajuda as plantas a conservar energia durante o stress. No entanto, concentrações elevadas de ABA podem induzir a queda excessiva das folhas, reduzindo o número de folhas disponíveis para a colheita. Isto pode ter um impacto negativo no rendimento, uma vez que as folhas de chá são o principal produto colhido. A senescência excessiva pode também reduzir a capacidade fotossintética da planta, limitando o crescimento e a produtividade a longo prazo.

b) **Redução da taxa de crescimento**: O ABA abranda os processos de crescimento para conservar recursos sob stress, o que pode ser benéfico em determinadas condições. No entanto, o uso excessivo ou doses elevadas podem resultar numa supressão não intencional do crescimento, afectando o desenvolvimento regular dos arbustos de chá. Este crescimento mais lento pode levar a uma formação reduzida de rebentos e a uma menor produção de folhas, afectando potencialmente os volumes de colheita.

c) **Potencial impacto residual na qualidade da folha**: Níveis elevados de ABA podem influenciar a acumulação de certos metabolitos que, embora benéficos com moderação, podem alterar o sabor e a qualidade do chá se forem excessivos. Por exemplo, um excesso de ABA pode levar a desequilíbrios nos polifenóis e catequinas, afectando o perfil de sabor e aroma das folhas de chá. Isto pode resultar num produto que se desvia dos padrões de qualidade preferidos.

d) **Impacto ambiental do ABA sintético**: Embora o ABA ocorra naturalmente nas plantas, o ABA sintético utilizado na agricultura pode ter consequências ambientais indesejadas. A aplicação excessiva pode levar a resíduos de ABA no solo e na água, o que pode afetar as comunidades microbianas locais e a biodiversidade. Além disso, a produção e aplicação de ABA sintético pode aumentar os custos de produção e contribuir para a pegada de carbono da cultura do chá, contrariando os esforços para manter práticas sustentáveis.

e) **Custos económicos e utilização de recursos**: O custo do ABA sintético é relativamente elevado, o que pode representar um encargo financeiro significativo para os pequenos produtores de chá. Além disso, a necessidade de uma dosagem e de um calendário cuidadosos exige conhecimentos e formação para evitar aplicações ineficazes ou excessivas. A combinação de custos elevados e o potencial de redução do rendimento devido à supressão do crescimento pode tornar as aplicações de ABA economicamente difíceis para os agricultores com recursos limitados.

6) FUNGOS MICORRÍZICOS (RELAÇÃO SIMBIÓTICA)

Os fungos micorrízicos são um grupo de fungos que formam associações simbióticas com as raízes das plantas, permitindo-lhes absorver mais eficazmente os nutrientes do solo, como o fósforo, o azoto e outros minerais do solo. Em troca, as plantas fornecem aos fungos açúcares e hidratos de carbono produzidos através da fotossíntese. Diferentes tipos de fungos micorrízicos associam-se às plantas de formas únicas, influenciando a saúde, o crescimento e a resistência das plantas. Nas plantações de chá, os fungos micorrízicos contribuem significativamente para práticas de cultivo sustentáveis, aumentando a disponibilidade de nutrientes, promovendo a tolerância à seca, melhorando a saúde do solo e reduzindo a necessidade de fertilizantes químicos. A relação simbiótica entre os fungos micorrízicos e as plantas de chá *(Camellia sinensis)* oferece uma série de benefícios que melhoram o crescimento, a resiliência e a sustentabilidade global das plantações de chá. Os fungos micorrízicos, em particular os fungos micorrízicos arbusculares (FMA), ajudam as espécies vegetais a expandir-se agressivamente em circunstâncias adversas, coordenando uma sequência de eventos de interação complicados entre ambas as espécies vegetais. Aumenta a atividade fotossintética, outras caraterísticas associadas às trocas gasosas e a absorção de água. Os FMA aumentam a absorção de nutrientes, melhoram a retenção de água, apoiam a saúde do solo e reduzem a dependência de fertilizantes químicos, o que os torna um componente essencial para o cultivo sustentável do chá.

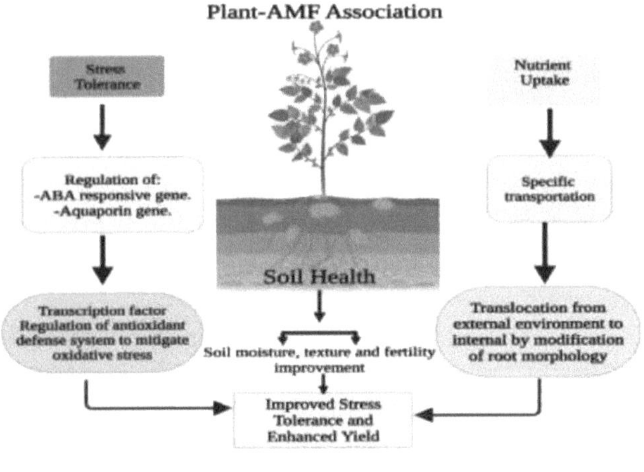

Fig: Relações simbióticas entre os fungos micorrízicos e a planta do chá

Tipos de fungos micorrízicos e o seu papel nas plantações de chá:

a) **Fungos micorrízicos arbusculares (FMA)** (também conhecidos como fungos micorrízicos arbusculares vasculares ou FMA):
   a. **Descrição**: Os FMA, que fazem parte do filo Glomeromycota, são o tipo mais comum de fungos micorrízicos e associam-se a cerca de 80% das plantas terrestres. Penetram nas células da raiz das plantas hospedeiras e formam estruturas especializadas chamadas arbúsculos (para troca de nutrientes) e vesículas (para armazenamento).
   b. **Papel simbiótico nas plantas de chá**: Os FMA/VAM, em particular espécies como *Glomus mosseae* e *Glomus fasciculatum,* melhoram o crescimento das plantas de chá, aumentando significativamente a absorção de fósforo, um nutriente crítico que é frequentemente limitado nos solos de cultivo de chá. Ajudam também as plantas do chá a aceder a outros nutrientes, como o azoto e micronutrientes como o zinco.

b) **Fungos ectomicorrízicos (FEM):**
   a. **Descrição**: Os CEM estão principalmente associados a árvores e plantas lenhosas, formando uma bainha à volta das pontas das raízes sem penetrar nas células radiculares. Eles trocam nutrientes através de uma rede conhecida como rede de Hartig, que se forma em torno das células da raiz dentro do córtex da raiz.
   b. **Papel simbiótico nas plantas de chá**: Embora os CEM sejam menos frequentemente associados às plantas do chá do que os FMA, em alguns casos, contribuem para aumentar a resistência das plantas do chá a solos pobres em nutrientes e a agentes patogénicos, especialmente em regiões onde o chá é cultivado ao lado de áreas florestais com populações naturais de CEM. Apoiam a estabilidade e a estrutura do solo, o que é benéfico em regiões montanhosas de cultivo de chá.

c) **Fungos micorrízicos ericoides (ErMF):**
   a. **Descrição**: Os ErMF são fungos especializados que normalmente se associam a plantas da família Ericaceae, incluindo mirtilos, rododendros e outras plantas que gostam de solos ácidos. Estão adaptados a solos ácidos e pobres em nutrientes, semelhantes aos que se encontram frequentemente nas regiões de

cultivo de chá.

b. **Papel simbiótico nas plantas de chá**: Os fungos micorrízicos ericoides podem associar-se às plantas do chá em solos ácidos, ajudando-as a decompor a matéria orgânica e a absorver nutrientes essenciais como o azoto. Esta associação apoia a saúde das plantas em áreas onde a qualidade do solo e o conteúdo orgânico são baixos.

Benefícios dos fungos micorrízicos nas plantações de chá:

a) ***Maior absorção de nutrientes:*** Os fungos micorrízicos aumentam a superfície da raiz, formando redes de hifas que acedem a nutrientes para além da zona da raiz da planta. São particularmente eficazes na mobilização de fósforo, um nutriente essencial para o crescimento das plantas de chá que é frequentemente limitado no solo. Os FMA como o *Glomus mosseae* e *o Glomus fasciculatum* aumentam a absorção de fósforo, bem como o acesso a outros nutrientes como o azoto, o potássio e os oligoelementos.

b) ***Melhoria da eficiência do uso da água e tolerância à seca:*** As redes hifais dos fungos micorrízicos aumentam a capacidade da planta para absorver água, tornando as plantas de chá mais resistentes durante os períodos de seca. Os fungos também ajudam no ajuste osmótico, que apoia a saúde das plantas em condições de stress hídrico.

c) ***Redução da dependência de fertilizantes químicos:*** Ao aumentar a eficiência dos nutrientes, os fungos micorrízicos permitem que as plantas de chá necessitem de menos fertilizantes sintéticos, o que não só reduz os custos como também minimiza o impacto ambiental. Esta relação simbiótica apoia práticas agrícolas orgânicas e sustentáveis, permitindo o ciclo natural de nutrientes.

d) ***Aumento da resistência a doenças:*** Os fungos micorrízicos proporcionam uma defesa natural contra os agentes patogénicos das raízes, criando uma barreira protetora à volta das raízes, dificultando a infeção da planta por agentes patogénicos nocivos. Além disso, os FMA estimulam a resposta imunitária da planta, aumentando a resistência contra doenças transmitidas pelo solo.

e) ***Melhoria da saúde e estrutura do solo:*** Os fungos micorrízicos ajudam a melhorar a estrutura do solo, formando agregados que aumentam a porosidade do solo, permitindo uma melhor penetração das raízes, a infiltração da água e o arejamento do solo. As redes de fungos também estabilizam as partículas do solo, reduzindo a erosão, o que é especialmente benéfico em regiões montanhosas de cultivo de chá.

f) ***Crescimento e rendimento melhorados das plantas:*** O efeito cumulativo de uma melhor absorção de nutrientes, melhor utilização da água, resistência a doenças e melhoria da saúde do solo resulta diretamente em plantas mais saudáveis, com maior biomassa e maior produção de chá. A qualidade das folhas de chá, incluindo os constituintes bioquímicos como os polifenóis, também pode ser influenciada positivamente pelas associações de FMA.

g) ***Aumento da resistência ao stress:*** Os fungos micorrízicos ajudam as plantas de chá a tolerar stresses abióticos como a escassez de água e a salinidade do solo. Ao melhorar a absorção de água e a disponibilidade de nutrientes, aumentam a resistência das plantas em condições adversas.

h) ***Sustentabilidade ambiental:*** O uso de fungos micorrízicos apoia a sustentabilidade ambiental, reduzindo a necessidade de insumos químicos, promovendo a saúde do solo e aumentando a biodiversidade nos solos das plantações. Ao encorajar um ecossistema equilibrado e natural, os fungos micorrízicos ajudam a manter um ambiente estável e produtivo que beneficia tanto a plantação como as áreas circundantes, promovendo um sistema agrícola mais orgânico e sustentável.

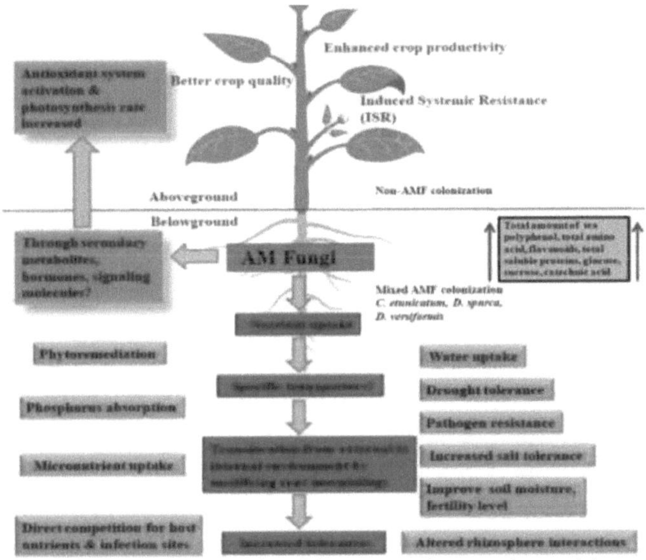

Fig: Possíveis papéis dos fungos micorrízicos no crescimento e desenvolvimento das plantas de chá.

Exemplo de relação simbiótica entre *Glomus mosseae* e plantas de chá:

Um exemplo de fungos micorrízicos que formam relações simbióticas com plantas de chá *(Camellia sinensis)* em plantações de chá é o *Glomus mosseae,* uma espécie de fungo micorrízico vascular arbuscular (VAM). Este fungo em particular é conhecido pela sua capacidade de se associar às raízes das plantas, aumentando a absorção de nutrientes e melhorando a saúde das plantas em vários sistemas agrícolas, incluindo as plantações de chá.

a. **Aumento da absorção de nutrientes**: *O Glomus mosseae* forma uma rede de hifas fúngicas que se estende para além do sistema radicular da planta do chá. Esta extensão permite que a planta do chá aceda a nutrientes que, de outra forma, estariam fora do seu alcance, particularmente o fósforo, que é crucial para o crescimento das raízes e para a transferência de energia nas plantas. Este nutriente é frequentemente limitado em muitos solos de cultivo de chá, e a presença de *Glomus mosseae* ajuda a ultrapassar esta deficiência.

b. **Aumento da tolerância à seca**: Em estudos onde as plantas de chá foram inoculadas com *Glomus mosseae*, as plantas mostraram uma maior tolerância à seca. A rede de hifas criada pelos fungos aumenta a capacidade da planta para absorver água do solo, o que é particularmente importante em regiões onde as plantações de chá enfrentam escassez sazonal de água.
c. **Redução da dependência de fertilizantes**: As plantações de chá que incorporam fungos micorrízicos como *Glomus mosseae* demonstraram uma redução na necessidade de fertilizantes sintéticos, particularmente fertilizantes fosfatados. A capacidade dos fungos de aumentar a disponibilidade de nutrientes reduz os custos externos de entrada para os produtores de chá e promove práticas agrícolas mais sustentáveis.
d. **Melhoria da saúde do solo**: A presença de *Glomus mosseae* nas plantações de chá melhora a estrutura do solo, ligando as partículas do solo com hifas de fungos. Este facto ajuda a reduzir a erosão do solo, especialmente nas regiões montanhosas onde o chá é frequentemente cultivado. Ao melhorar a estrutura do solo, as raízes das plantas de chá podem crescer mais profundamente e estabelecer-se mais eficazmente, aumentando ainda mais a resistência das plantas.

Aplicação de fungos micorrízicos:

a) ***Seleção de fungos micorrízicos adequados:***

a. **Identificar o tipo correto de fungos micorrízicos**: Os fungos mais utilizados nas plantações de chá são os Fungos Micorrízicos Arbusculares (FMA), particularmente espécies como *Glomus mosseae* e *Glomus fasciculatum*. Estes fungos são conhecidos pela sua capacidade de melhorar a absorção de nutrientes, particularmente o fósforo.
b. **Analisar o tipo de solo**: Diferentes fungos podem ser mais adequados a condições específicas do solo. Por exemplo, em solos altamente ácidos, comuns em regiões de cultivo de chá, os fungos micorrízicos ericoides (ErMF) podem ser benéficos.

b) ***Métodos de inoculação:***

a. **Inoculação do solo**: Misturar o inóculo micorrízico (que pode ser adquirido comercialmente) no solo na altura da plantação das plântulas de chá ou durante o processo de replantação. O inóculo contém esporos, hifas de fungos e fragmentos de raízes infectadas que ajudam a colonizar as raízes das plantas de chá. A inoculação pode ser feita colocando o inóculo diretamente nas covas de plantação durante a transplantação, ou pode ser misturado com composto ou estrume orgânico e aplicado na zona das raízes das plantas existentes.

b. **Inoculação em viveiro**: Inocular as plântulas em viveiros antes de serem transplantadas para o campo. Ao inocular plantas jovens, os fungos podem estabelecer-se cedo e proporcionar benefícios ao longo do ciclo de vida da planta. A inoculação em viveiros envolve normalmente a adição de uma camada de inóculo por baixo dos tabuleiros de plântulas ou a sua mistura direta na mistura de solo do viveiro.

c) ***Monitorizar a colonização e a resposta das plantas:***

a. **Avaliar a colonização fúngica**: Após a inoculação, é essencial verificar periodicamente as raízes das plantas de chá para garantir que os fungos se estão a estabelecer corretamente. Podem ser colhidas amostras de raízes e coradas para observar a presença de arbúsculos e redes de hifas.

b. **Monitorizar o crescimento da planta**: Avaliar o desempenho das plantas de chá medindo o tamanho e a cor das folhas, o crescimento dos rebentos e os níveis de nutrientes. A melhoria dos níveis de fósforo e azoto nas plantas de chá indica uma colonização bem sucedida pelos fungos.

d) ***Gestão dos fungos micorrízicos:***

a. **Gestão da água**: Os fungos micorrízicos ajudam as plantas do chá na absorção de água, tornando-as mais resistentes à seca. As práticas de gestão da água, como a cobertura vegetal e a irrigação gota a gota, ajudam a manter a humidade do solo e a promover a colonização por fungos.

b. **Minimização da perturbação do solo**: A lavoura excessiva e a perturbação do solo podem danificar as redes de hifas dos fungos. Minimizar a perturbação do solo ajuda a manter a rede micorrízica e apoia a simbiose a longo prazo.

e) ***Saúde do solo e práticas agrícolas biológicas:***

a. **Evitar o uso excessivo de fertilizantes químicos**: O uso excessivo de fertilizantes químicos, particularmente o fósforo, pode reduzir a eficácia da colonização micorrízica. Por isso, o uso moderado de fertilizantes, ou a transição para fertilizantes orgânicos, pode melhorar a relação simbiótica entre os fungos e as plantas do chá.

b. Integrar correcções orgânicas: Aplicar matéria orgânica como composto, adubo verde ou biochar na plantação de chá. Estes aditivos melhoram a estrutura do solo e proporcionam um ambiente mais favorável ao desenvolvimento dos fungos micorrízicos.

f) ***Fomentar uma relação simbiótica a longo prazo:***

a. Manter a saúde do solo: Manter o solo da plantação saudável, assegurando uma matéria orgânica adequada, uma perturbação mínima do solo (reduzir a lavoura) e uma cobertura vegetal adequada. Isto promoverá a colonização a longo prazo dos fungos micorrízicos.

b. Plantação rotativa: Se as plantas de chá forem rotacionadas ou substituídas após determinados ciclos, certifique-se de que as novas culturas também são inoculadas com fungos micorrízicos para manter os benefícios.

Utilização de fungos micorrízicos em viveiros de chá:

A utilização de fungos micorrízicos em viveiros de chá nas plantações de chá proporciona benefícios significativos no desenvolvimento inicial das plantas, melhorando a absorção de nutrientes, promovendo sistemas radiculares saudáveis e aumentando o vigor geral das plântulas de chá. Ao estabelecerem uma relação simbiótica no início do ciclo de vida da planta, os fungos micorrízicos ajudam as plantas do chá a adaptarem-se melhor ao ambiente do campo após o transplante, o que, em última análise, conduz a um melhor crescimento, a rendimentos mais elevados e a uma menor necessidade de insumos químicos.

Benefícios da utilização de fungos micorrízicos em viveiros de chá:

a) **Melhoria do desenvolvimento das raízes e do vigor das plântulas:** Os fungos micorrízicos colonizam as raízes das plantas jovens de chá, alargando o seu alcance no solo através de redes de hifas. Esta colonização precoce apoia o desenvolvimento de um sistema radicular robusto, permitindo que as plântulas tenham acesso a mais nutrientes e água. Sistemas radiculares mais fortes aumentam o vigor geral das mudas, tornando-as mais bem equipadas para sobreviver ao transplante.
b) **Melhor absorção de nutrientes:** No viveiro, os fungos micorrízicos ajudam as plântulas a absorver eficazmente os nutrientes essenciais, especialmente o fósforo, que é frequentemente limitado no solo mas crucial para o crescimento das jovens plantas de chá. Ao formarem uma relação simbiótica com as raízes das plantas, os fungos aumentam a área de superfície para a absorção de nutrientes, permitindo que as plântulas acedam a nutrientes que de outra forma não estariam disponíveis no solo.
c) **Aumento das taxas de sobrevivência após o transplante:** As plântulas inoculadas com fungos micorrízicos no viveiro são mais resistentes ao choque do transplante quando transferidas para o campo. A relação simbiótica estabelecida garante que as plantas se aclimatam rapidamente às novas condições ambientais e continuam a absorver nutrientes e água de forma eficiente. Isto resulta em taxas de sobrevivência mais elevadas e num melhor estabelecimento no campo, reduzindo a necessidade de replantação.
d) **Melhor absorção de água e tolerância à seca:** Os fungos micorrízicos ajudam as plantas a absorver melhor a água, estendendo as hifas dos fungos até às profundezas do solo. Esta maior capacidade de absorção de água é particularmente benéfica em condições de seca ou de stress hídrico, assegurando que as plântulas no viveiro permanecem bem hidratadas e estão melhor preparadas para condições de seca no campo. A tolerância à seca é especialmente importante em áreas onde a escassez de água é um desafio.
e) **Redução do uso de fertilizantes:** Ao melhorar a eficiência da absorção de

nutrientes, em particular de fósforo e azoto, os fungos micorrízicos reduzem a necessidade de fertilizantes sintéticos durante a fase de viveiro. Isto não só reduz os custos como também promove práticas agrícolas mais sustentáveis e amigas do ambiente. A inoculação precoce com fungos pode continuar a beneficiar as plantas de chá mesmo depois de serem transplantadas para o campo, reduzindo a procura global de fertilizantes químicos ao longo do seu ciclo de vida.

f) **Resistência a doenças:** Os fungos micorrízicos podem ajudar as plantas jovens de chá a defenderem-se dos agentes patogénicos das raízes, formando uma barreira protetora à volta das mesmas. Esta barreira impede que os agentes patogénicos prejudiciais penetrem na planta, reduzindo o risco de doenças radiculares que são comuns em viveiros, como a podridão radicular. Os fungos também melhoram a resposta imunitária da planta, tornando-a mais resistente a várias doenças transmitidas pelo solo.

g) **Melhor transição para a agricultura biológica**: Nos viveiros de chá destinados à agricultura biológica, os fungos micorrízicos são especialmente benéficos porque reduzem a dependência de fertilizantes químicos e pesticidas. Os fungos ajudam a promover o ciclo de nutrientes e a saúde do solo, componentes-chave da agricultura biológica. O estabelecimento precoce destes fungos benéficos no viveiro prepara as plantas para um crescimento orgânico bem sucedido ao longo da sua vida.

Métodos de aplicação de fungos micorrízicos em viveiros de chá:

a) **Mistura do solo**: Misturar o inóculo micorrízico no solo do viveiro antes de plantar as plântulas de chá. O inóculo consiste tipicamente em esporos de fungos, fragmentos de hifas e pedaços de raízes infectadas que ajudam a colonizar as raízes das plantas jovens.

b) **Inoculação por imersão da raiz**: As plântulas de chá podem ser mergulhadas numa pasta contendo esporos de fungos micorrízicos imediatamente antes de serem transplantadas para o viveiro. Isto assegura o contacto direto entre as raízes e os fungos.

c) **Colocação do inóculo em camadas**: O inóculo micorrízico pode ser colocado em camadas por baixo dos tabuleiros de plântulas no viveiro, permitindo que as raízes entrem em contacto com os fungos à medida que crescem.

d) **Integração do composto**: A combinação de inóculo micorrízico com composto orgânico na mistura do viveiro fornece um ambiente rico em nutrientes que aumenta a colonização fúngica e apoia o desenvolvimento saudável das mudas.

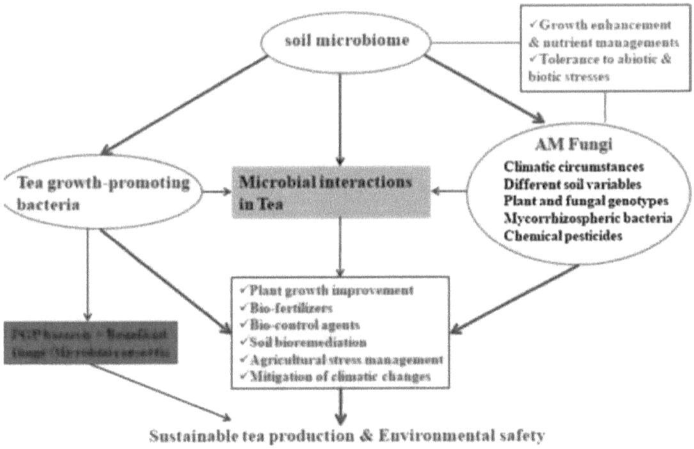

7) CATALISADORES MICROBIANOS (AZOTOBACTER)

Azotobacter é um género de bactérias de vida livre, fixadoras de azoto, que se encontram habitualmente em solos, águas e sedimentos neutros a alcalinos. Estas bactérias desempenham um papel crucial na conversão do azoto atmosférico (N2) em amoníaco (NH3) através do processo de fixação biológica do azoto (FBN). Este amoníaco fica então disponível para ser utilizado pelas plantas, promovendo o seu crescimento sem a necessidade de fertilizantes químicos azotados.

A Azotobacter é aeróbica, o que significa que necessita de oxigénio para crescer e funcionar, e produz substâncias que promovem o crescimento das plantas, incluindo fitohormonas como as auxinas, giberelinas e citocininas. Além disso, produz polissacáridos que ajudam na agregação do solo, melhorando a sua estrutura e a retenção de água.

O chá é frequentemente cultivado em solos ácidos, onde a disponibilidade de azoto é crucial para o crescimento das plantas e a produção de folhas de chá de alta qualidade. O azoto é um nutriente essencial para a síntese de aminoácidos, proteínas e clorofila nas plantas de chá. A Azotobacter, através da fixação biológica de azoto, constitui uma alternativa ecológica aos fertilizantes azotados sintéticos, melhorando a fertilidade do solo e reduzindo a poluição ambiental.

Funções-chave de Azotobacter:

a) ***Fixação biológica de azoto:*** Converte o azoto atmosférico numa forma que as plantas podem utilizar.
b) ***Produção de substâncias promotoras de crescimento:*** Produz hormonas que estimulam o crescimento das plantas.
c) ***Solubilização de fosfatos:*** Ajuda a tornar o fosfato disponível para as

plantas.

d) ***Melhorar a saúde do solo:*** Melhora a estrutura do solo através da produção de polissacáridos.

Benefícios da utilização de Azotobacter em plantações de chá:

a) **Fixação biológica de azoto:** Azotobacter pode fixar o azoto da atmosfera e torná-lo disponível para as plantas de chá, reduzindo a dependência de fertilizantes químicos de azoto. Isto é particularmente importante nas plantações de chá, onde o azoto é vital para o crescimento das folhas e para a produção de chá de alta qualidade.

b) **Redução do uso de fertilizantes químicos:** Ao fornecer azoto de forma natural, a Azotobacter reduz a necessidade de fertilizantes azotados sintéticos, levando a um cultivo de chá mais sustentável. Isto também ajuda a baixar o custo dos factores de produção para os produtores de chá e reduz o impacto ambiental da utilização excessiva de fertilizantes azotados, que pode causar a degradação do solo e a poluição da água.

c) **Melhoria da saúde e estrutura do solo:** A Azotobacter produz polissacáridos, que ajudam a unir as partículas do solo, melhorando a sua agregação. Isto melhora a estrutura do solo, tornando-o mais poroso e com melhor capacidade de retenção de água. Uma boa estrutura do solo é importante nas plantações de chá para evitar a erosão, especialmente em áreas inclinadas onde o chá é frequentemente cultivado.

d) **Produção de substâncias promotoras do crescimento das plantas:** Para além de fixar o azoto, a Azotobacter produz hormonas promotoras do crescimento, como as auxinas, as giberelinas e as citocininas. Estas hormonas estimulam o crescimento das raízes e melhoram o vigor geral das plantas de chá. Sistemas radiculares saudáveis permitem uma melhor absorção de nutrientes e água, levando a um melhor crescimento e rendimento das plantas.

e) **Solubilização de fosfatos:** O fósforo é outro nutriente importante para as plantas de chá, mas muitas vezes torna-se indisponível em solos ácidos devido à sua tendência para formar compostos insolúveis. A Azotobacter ajuda na solubilização do fosfato, tornando o fósforo disponível para as plantas do chá, o que apoia o desenvolvimento das raízes e os processos de transferência de energia nas plantas.

f) **Sustentabilidade ambiental:** O uso de Azotobacter em plantações de chá alinha-se com práticas agrícolas sustentáveis, reduzindo a necessidade de insumos químicos, melhorando a saúde do solo e minimizando a degradação ambiental. Ao promover a fixação natural de azoto e reduzir a dependência de fertilizantes sintéticos, a Azotobacter contribui para uma produção de chá mais amiga do ambiente.

Aplicação de Azotobacter:

A Azotobacter, como biofertilizante, pode ser aplicada nas plantações de chá de várias formas para melhorar a fertilidade do solo e o crescimento das plantas. A sua utilização envolve a inoculação do solo ou das plantas com Azotobacter para promover a fixação de azoto e melhorar a disponibilidade de nutrientes.

a) **Aplicação no solo:** Um dos métodos mais comuns de aplicação de Azotobacter nas plantações de chá é através da aplicação direta no solo. Isto ajuda a colonizar a zona radicular das plantas de chá, permitindo uma fixação eficiente do azoto.

Procedimento:

   a. **Preparar uma mistura** de inoculante de Azotobacter (geralmente disponível em formulações em pó ou líquidas) com água ou com suportes orgânicos como o composto.
   b. **Dosagem**: A dose recomendada de Azotobacter para aplicação no solo é geralmente de 2-5 kg por hectare.
   c. **Método**: Misture o inoculante com composto orgânico e espalhe-o uniformemente sobre o solo, ou aplique-o diretamente na zona das raízes das plantas de chá. Assegurar que o solo está húmido durante a aplicação para ajudar na colonização bacteriana.

b) **Fase de viveiro:** A aplicação de Azotobacter durante a fase de viveiro ajuda as jovens plantas de chá a estabelecer melhores sistemas radiculares e promove o crescimento precoce através da fixação de azoto na zona radicular.

Procedimento:

a. **Imersão das raízes**: Mergulhar as raízes das plântulas de chá numa suspensão de Azotobacter antes de as transplantar para o campo.
   - Preparar uma suspensão misturando 250-500 gramas de pó de Azotobacter ou 100 ml de inoculante líquido em 10 litros de água.
   - Mergulhar as raízes das plântulas nesta mistura durante 15-20 minutos.

b. **Aplicação na cama do viveiro**: Em alternativa, pode aplicar o inoculante Azotobacter diretamente nos canteiros do viveiro, misturando-o com água e regando os canteiros.

c) **Pulverização foliar:** Embora a Azotobacter beneficie principalmente o solo e o sistema radicular, as pulverizações foliares podem ser utilizadas para fornecer as bactérias à superfície da folha, especialmente em plantas de chá mais jovens. Este método pode aumentar a absorção de azoto e promover o crescimento.

Procedimento:

a. Preparar um spray foliar misturando 200-300 gramas de pó de Azotobacter ou 100 ml de inoculante líquido por 100 litros de água.
b. Pulverizar a solução diretamente sobre as folhas das plantas de chá, assegurando uma boa cobertura.
c. Aplicar de manhã cedo ou ao fim da tarde para evitar a luz solar direta, que pode reduzir a eficácia das bactérias.

d) **Combinação com fertilizantes orgânicos**: A Azotobacter pode ser combinada com fertilizantes orgânicos (tais como vermicomposto, estrume de quinta ou adubos verdes) para aumentar a sua eficácia. A matéria orgânica proporciona um ambiente adequado para as bactérias se desenvolverem e manterem a sua atividade no solo.

Procedimento:

a. Misturar 1-2 kg de inoculante Azotobacter por tonelada de fertilizante orgânico (por exemplo, composto ou vermicomposto).

b. Deixar a mistura incubar durante 2-3 dias antes de a aplicar no campo de chá.
c. Aplicar o fertilizante orgânico inoculado na zona das raízes das plantas ou espalhá-lo pelo campo.

e) **Irrigação por gotejamento:** Em áreas onde a irrigação por gotejamento é usada, Azotobacter pode ser aplicada através do sistema de irrigação. Isto assegura uma distribuição uniforme do inoculante à volta das zonas radiculares das plantas de chá.

RETRIEVER DE REFERÊNCIA:

Anon. 1992. Bangladesh Tea Hand Book, Bangladesh Tea Rehabilitation project. Bangladesh Tea Board, 171-172 Bbaizid Bostami road, Nasirabad, Chittagong.

Anon. 2011. Nutrição das plantas, fertilidade do solo e gestão de fertilizantes no chá. Circular n.º 134. Instituto de Investigação do Chá do Bangladesh. Srimongol-3210, Moulovibazar, Bangladesh.

Anon. 2014. Breves notas curtas sobre a cultura do chá para o curso anual BTRI-2014. Instituto de Investigação do Chá do Bangladesh. Srimongol-3210, Moulovibazar, Bangladesh.

Arancon, N.Q., & Edwards, C.A. (2006). "Os papéis do vermicomposto na supressão de doenças e pragas das plantas". *Actas do Congresso Internacional de Ecologia de Minhocas.*

Borah, H., & Dutta, B.K. (2002). Bolo de Neem: Um biopesticida e condicionador de solo no cultivo de chá. *Journal of Plantation Crops,* 30(2), 55-60.

Barua, D.N. (1989). Science and Practice in Tea Culture. Tea Research Association, Índia.

Bary, A., C. Cogger, e D. Sullivan. 2002. O que é que a análise do composto lhe diz sobre o seu composto? Conselho de Regentes, Universidade Estadual de Washington, Puyallup.

Blackearth. 2014. Qual é a diferença entre o ácido húmico e os fertilizantes? (http : //www.blackearth.com/blog/bid/174493/Humic-Acid-vs-F ertilizers)

Bogdanov, P. 1996. *Vermicultura Comercial: How to Build a Thriving Business in Redworms.* VermiCo Press, Oregon. 83 pp.

Banik, P. (2007). "Organic Manures and Their Impact on Tea Cultivation" [Adubos orgânicos e seu impacto no cultivo do chá]. *Tea Research Journal.*

Barik, A.K., & Rajendran, T.P. (2010). "Gestão da fertilidade do solo através de meios orgânicos em plantações de chá". *Indian Journal of Soil Science.*

Bhattacharyya, P., et al. (2010). "Bio-Composto e o seu papel no aumento do rendimento do chá". *Journal of Organic Agriculture.*

Bhattacharya, S., et al. (2012). "Aumento da fertilidade do solo através da compostagem de poços em plantações de chá". *Jornal de Agricultura Orgânica.*

Bhattacharyya et al. (2008), *Sustainable Agriculture Handbook:* Examina as práticas tradicionais, incluindo a utilização de cinzas de madeira, na agricultura biológica e sustentável do chá.

Banerjee, B. (1993). *Tea production and processing.* Oxford & IBH Publishing Co.

Banerjee, S., & Sharma, P. (2014). "Aplicação foliar de Auxins no rendimento e na qualidade do chá". *Tea Research Journal,* 32(1), 15-22.

Barua, D. N. (1989). *Science and Practice in Tea Culture (Ciência e Prática na Cultura do Chá*). Tea Research Association.

Bag S, Mondal A & Banik A. (2022). Explorando o microbioma do chá (*Camellia sinensis*): Insights sobre as caraterísticas funcionais e seu impacto na promoção do crescimento do chá. Microbiological Research 254 (2022) 126890. *Laboratório de Interação Microbiana, Escola de Biotecnologia, Universidade da Presidência, Calcutá, Bengala Ocidental, Índia.*

Bora, P., Bora, L.C., 2021. Antagonistas microbianos e gestão de doenças mediadas por botânicos no chá, *Camellia sinensis* (L.) O. Kuntze: uma visão geral. Proteção das culturas, 105711

Banerjee, B. (2015). *Efeitos fisiológicos dos reguladores de crescimento de plantas em plantas de chá.* Springer.

Biswas, B., et al. (2020). *Impactos ambientais e económicos da utilização de ABA sintético na agricultura.* Jornal de Agricultura Sustentável.

Centro de Sistemas Agrícolas Integrados. 1999. Os adubos compostados oferecem benefícios de rendimento e resistência a doenças. Resumo de pesquisa nº 45. Universidade de Wisconsin, Madison.

Chakravartee, J, 1991. Gestão de campo no chá, uma compilação de notas de aula. Estação Experimental de Toktai. Jhorhat-785008, Assam, Índia.

Chakraborty, R., & Choudhury, M. (2021). "Impacto das mudanças climáticas nas plantações de chá e papel das auxinas no gerenciamento do estresse". *Revisão de Ciências Agrícolas,* 29(4), 354-366.

Chowdhury, K. (2019). "O papel dos insumos orgânicos no viveiro de sementes de chá". Journal of Organic Agriculture, 11(1), 33-44.

Domínguez, J., & Edwards, C.A. (2011). *Vermicompostagem de resíduos orgânicos: A review.* In: C.A. Edwards, N.Q. Arancon, & R. Sherman (Eds.), *Vermiculture Technology: Earthworms, Organic Waste, and Gestão Ambiental* (pp. 25-44). CRC Press.

Domínguez, J., & Edwards, C. A. (2011). *Biology and Ecology of Earthworms* (4ª ed.). Springer.

Edwards, C.A. 1998. "A utilização de vermes da orelha na decomposição e gestão de resíduos orgânicos". In: Edwards, C.A. (ed) Earthworm Ecology. Lucie Press, Boca Raton, pp. 327-354.

Edwards, C.A., & Arancon, N.Q. (2004). *Tecnologia de vermicultura: Minhocas, resíduos orgânicos e gestão ambiental.* CRC Press.

Edwards, C.A., & Bohlen, P.J. (1996). *Biology and Ecology of Earthworms.* Chapman & Hall.Gopal, R. (2010). Conhecimento indígena na gestão de pragas e doenças na agricultura biológica. *Asian Journal of Plant Science and Research,* 1(2), 36-40.

Edwards, C. A., & Arancon, N. Q. (2004). *Earthworm Ecology* (2ª ed.). CRC Press.

Edwards, C.A., & Bohlen, P.J. (1996). *Biology and Ecology of Earthworms (Biologia e Ecologia de Minhocas).*

Edwards, S., & Araya, H. (2011). "Práticas de compostagem em plantações de chá orgânico". *Jornal de Agricultura Orgânica e Sustentabilidade.*

Edwards, C.A. & Arancon, N.Q. (2006). "Tecnologia de Vermicultura para Plantações de Chá". *Vermicompostagem para Agricultura Sustentável.*

FAO (2006). *Cultivo de chá: Practices and Techniques*. Organização das Nações Unidas para a Alimentação e a Agricultura.

Florentin, M.A.; Penalva, M.; Calegari, A.; Derpsch, R. FAO, 2011. Adubo verde / culturas de cobertura e rotação de culturas na agricultura de conservação em pequenas explorações. Gestão integrada das culturas. Vol. 12-2010. ISSN: 1020-4555. Divisão de produção e proteção vegetal, Organização das Nações Unidas para a Alimentação e a Agricultura. Roma. ISBN: 978-92-5-106856-4

GKH, 2016. Conhecimentos de jardinagem. Culturas de cobertura de adubo verde. http://www.gardeningknowhow.com/edible/vegetables/cover-crops/green-manure-2.htm

Ghosh, S., & Bhattacharjee, D. (2019). Conhecimento técnico indígena (ITK) no cultivo sustentável de chá na Índia. *Jornal de Agroecologia e Gestão de Recursos Naturais,* 6(2), 125-132.

Gupta, S., & Singh, J. (2011). Conhecimento técnico indígena para a gestão sustentável de pragas na agricultura. *Jornal de Estudos Rurais,* 4(3), 67-73.

Gunadi, B., Charles, B. e Clive A. E. 2002. "O crescimento e a fecundidade de Eisenia fetida (Savigny) em sólidos de gado pré-compostados por diferentes períodos". In Pedobiologia 46, 15-23

GEORG, 2004. Feasibility of Developing the Organic and Transitional Farm Market for Processing Municipal and Farm Organic Wastes Using Large-Scale Vermicomposting. Good Earth Organic Resources Group, Halifax, Nova Escócia.

Gaddie, R.E. e Donald, E. D. 1975. Earthworms for Ecology and Profit. Volume 1: Scientific Earthworm Farming. Bookworm Publishing Company, Cal. 180 pp.

Hoque, M. (2021). Práticas tradicionais de gestão de pragas nas plantações de chá do Bangladesh: An overview. *International Journal of Agricultural Ciências,* 11(2), 79-84.

Hazarika, J. (2016). "Práticas sustentáveis na gestão de viveiros de chá". Indian Journal of Tea Science, 20(3), 45-53.

Hossain, M.A., 2009. Shohoj cha abad. Publicações Adorn. Dhaka, Bangladesh

Handa, A.K., & Singh, P. (2007). "Sustainable Soil Management in Tea Plantations through Organic Composting" (Gestão sustentável do solo em plantações de chá através da compostagem orgânica). *Tea Research Journal.*

Islam, R., & Hoque, M. (2021). Técnicas orgânicas de controlo de pragas em propriedades de chá do Bangladesh: Um levantamento dos métodos tradicionais. *Revista Internacional de Ciências Agrícolas,* 11(3), 94-99.

Ingham, E.R. (2005). "Chá de composto na agricultura orgânica". *Biologia do Solo e Compostagem.*

Jayasinghe, L., & Perera, W. (2021). Manejo sustentável de pragas em propriedades de chá do Sri Lanka usando bioformulações. *South Asian Journal of Organic and Natural Farming,* 12(1), 58-64.

Jayasinghe, C.K., Herath, H.M.W.K.B., & Gunarathne, L.H.P. (2003). Eficácia de formulações à base de neem para o controlo da cigarrinha do chá (*Empoasca flavescens*) nas plantações de chá do Sri Lanka. *International Journal of Pest Management*, 49(1), 41-45.

Kumar, S., & Deka, H. (2019). Conhecimento técnico indígena (ITK) no manejo de pragas do chá em Assam, Índia. *Jornal de Estudos de Entomologia e Zoologia*, 7(3), 903-908.

Kumar, S., & Singh, P. (2018). Estratégias naturais de manejo de pragas para o cultivo de chá. *Jornal de Agricultura Orgânica e Ecologia*, 7(3), 180-186.

Kumar, R., & Singh, A. (2009). Formulações de Neem (Azadirachta indica) como agentes eficazes de controlo de pragas na agricultura. *Journal of Plant Protection Research*, 49(3), 222-228.

Kapoor, R., Giri, B., & Mukerji, K. G. (2002). Glomus macrocarpum: A potential biocontrol agent against root-rot disease of tea. *Mycological*

Research, 106(1), 15-21.

Kapoor, R., Giri, B., & Mukerji, K. G. (2004). Crescimento melhorado e produção de óleo essencial de plantas micorrizadas de *Ocimum basilicum*. *Mycorrhiza*, 14(3), 263-267.

Kapoor, R., & Benerjee, B. (2016). "Papel das citocininas na manutenção da qualidade da folha em plantas de chá". *Tea Science International,* 12(1), 45-51.

Khaled, H., & Fawy, H. A. (2011). "Efeito de diferentes níveis de ácidos húmicos no teor de nutrientes, crescimento das plantas e propriedades do solo em condições de salinidade." *Soil and Water Research,* 6(1), 21-29.

Liu, C., Cooper, R. J., & Bowman, D. C. (2013). "A aplicação de ácido húmico afeta a atividade da comunidade microbiana, a biomassa microbiana e as atividades enzimáticas no solo." *Plant and Soil,* 257(1), 229-235.

Li, J., et al. (2021). *Efeitos do ácido abscísico na senescência e rendimento das folhas nas plantações de chá.* Jornal de Fisiologia Vegetal.

Munroe, G. (2002). Manual de vermicompostagem e vermicultura na exploração. Programa EcoAction do Environment Organic Agriculture Centre of Canada. Nova Escócia, Canadá.

Muthumanickam, K., et al. (2013). *Fixação de nitrogênio e fertilidade do solo em jardins de chá sob árvores de sombra.* Sistemas Agroflorestais.

Mukherjee, S., & Dutta, S. (2010). "Estratégias de Fertilização Orgânica para Plantações de Chá: Heaped Composting Method". *Indian Journal of Tea Science.*

Mahapatro, G.K. (2013). Repelentes de pragas à base de ervas: Uma praga indígena

abordagem de gestão. *Jornal de Investigação Agrícola,* 4(3), 58-63.

Mondal, T. K. (2011). *Tea: Cultivation to Consumption [Do cultivo ao consumo].* Oxford University Press.

Mondal, T. K., Bhattacharya, A., & Ahuja, P. S. (2004). "Reguladores de crescimento de plantas e produção de chá". *Journal of Plant Growth*

Regulation, 21(2), 206-215.

Mukherjee, T., Banik, A., Mukhopadhyay, S.K., 2020. Caraterísticas promotoras de crescimento vegetal de uma cepa termofílica do grupo klebsiella com seu efeito no crescimento da planta de arroz. Curr. Microbiol. 77, 2613-2622.

Mukherjee, A., & Singh, R. (2019). *Desafios econômicos e práticos no uso de ABA para o cultivo de chá.* Estudos de Agronomia e Ecologia.

Nardi, S., Pizzeghello, D., Muscolo, A., & Vianello, A. (2002). "Efeitos fisiológicos de substâncias húmicas em plantas superiores". *Soil Biology and Biochemistry,* 34(11), 1527-1536.

Nishida, I., & Koyama, T. (2020). Práticas de cultivo de chá orgânico no Japão: Melhorar a saúde do solo e a qualidade do chá através da inoculação de fungos micorrízicos. *Biologia do Solo e Agricultura*, 14(2), 95-102.

Pandey, V., et al. (2011). Indigenous knowledge of traditional pest management practices in India (Conhecimento indígena das práticas tradicionais de gestão de pragas na Índia). *Indian Journal of Traditional Knowledge,* 10(2), 311-315.

Pariyar & Lovett (1998), *Journal of Soil Science:* Discute os efeitos das cinzas de madeira nas propriedades do solo, incluindo o pH e o teor de nutrientes.

Patel, M.R., et al. (2014). Práticas tradicionais baseadas no conhecimento para proteção de culturas e melhoria do solo. *Agricultural Research & Development Journal*, 5(2), 99-105.

Patel, M.P., & Singh, R. (2012). O papel do conhecimento tradicional na gestão de pragas orgânicas. *Indian Journal of Traditional Knowledge*, 11(2), 314-319.

Pramanik, P., Ghosh, G.K., & Banik, P. (2007). "Vermicompostagem: O seu papel na agricultura sustentável". *Indian Journal of Tea Science.*

Parniske, M. (2008). Micorriza arbuscular: A mãe das endossimbioses de raízes de plantas. *Nature Reviews Microbiology*, 6(10), 763-775.

P'erez-Burillo, S., Navajas-Porras, B., LApez-Maldonado, A., Hinojosa-Nogueira, D., Pastoriza, S., RufTan-Henares, J.' A., 2021. O chá verde e a sua relação com o microbioma intestinal humano. Molecules 26 (13),

3907.

Patel, P.S., & Soni, V. (2012). Neem como um agente de controlo de pragas amigo do ambiente. *Revista Internacional de Ciências Ambientais*, 3(2), 765-775.

Rahman, H., & Karim, S. (2020). Práticas de agricultura biológica nas plantações de chá do Bangladesh: Esterco e urina de vaca como repelentes de pragas. *Agricultural Research Journal,* 8(4), 211-218.

Ratnayake, R., & Senanayake, R. (2020). Formulações e aplicações de pesticidas naturais nas plantações de chá do Sri Lanka. *Jornal Asiático de Investigação Agrícola,* 14(2), 41-48.

Roy, A., et al. (2017). Eficácia dos extractos botânicos na gestão de pragas no chá. *Revista Internacional de Ciência do Chá,* 13(1), 15-23.

Rajkumar, R., & Subramanian, S. (2012). "Utilização de Tea LeafLitter para composto orgânico". *Indian Journal of Tea Science.*

Ray, R., & Bhattacharya, P. (2010). "Reguladores de crescimento de plantas naturais e sintéticos no cultivo de chá". *Tea Science Journal.*

Rajkumar, R., & Subramanian, S. (2012). "Utilização de Tea LeafLitter para composto orgânico". *Indian Journal of Tea Science.*

Rai, M., & Ghosh, S. (2018). *Modulação do crescimento e efeitos associados ao rendimento do ABA em plantas de chá.* Jornal de pesquisa do chá.

Rillig, M. C., & Mummey, D. L. (2006). Mycorrhizas and soil structure. *New Phytologist*, 171(1), 41-53.

Rink, R. Edited. 1992. Autores: Kamp, M.V., Wilson, G. B., Singey, M. E. *et al.* On-Farm Composting Handbook. Natural Resource, Agriculture, and Engineering Service (NRAES-54), Ithaca, NY.

Sana, D. L. 1989. Tea Science. Ashrafia Boi Ghar, 36 Bangla Bazaar,

Dhaka, Bangladesh.

Saito, T., et al. (2018). *A influência do ácido abscísico na acumulação de polifenóis no chá.* Inovações em ciências vegetais.

Sherman, R. 2009. Raising Earthworms Successfully (Criar minhocas com sucesso). Extensão Agrícola da Universidade Estadual da Carolina do Norte, Raleigh, NC, EUA. 26 pp.

Singh, R., et al. (2016). O papel das formulações orgânicas na melhoria da qualidade e do rendimento das culturas nas plantações de chá. *Tea Science Journal,* 15(4), 45-54

Singh, R.P., & Saxena, R.C. (1999). Neem para a gestão sustentável de pragas: Prospects and limitations. *Journal of Agricultural and Environmental Ethics,* 12(3), 265-280.

Sivapalan, P., Kulasegaram, S., Kathiravetpillai, A. 1986. Handbook on Tea. TRI, Srilanka, pp. 158-207

Sivapalan, P. (1994). "The Role of Root Development in Tea Yield Improvement" (O papel do desenvolvimento da raiz na melhoria do rendimento do chá). *Journal of Tea Science Research,* 20(2), 109-118.

Singh, R. K., Upadhyay, R. S., & Prasad, K. (2010). "Efeito do ácido húmico no crescimento e rendimento do chá (Camellia sinensis L.)." *International Journal of Tea Science,* 8(2), 42-48.

Stevenson, F. J. (1994). *Química do húmus: Génese, Composição, Reacções.* WileySoil-biotics. 2015 Efeitos do ácido húmico na agricultura e

Panorama da literatura e revisão da investigação atual

Smith, S. E., & Read, D. J. (2008). *Mycorrhizal Symbiosis.* Academic Press.

Singh, D. P., Singh, H. B., & Prabha, R. (2016). *Inoculantes microbianos na produtividade agrícola sustentável.* Springer.

Sharma, A. K., et al. (2005). Efeito de fungos AM e bactérias solubilizadoras de fosfato no crescimento e absorção de nutrientes de plantas de chá em solos ácidos. *Journal of Plantation Crops,* 33(1), 19-23.

Singh, R. K., et al. (2017). Papel das micorrizas na sustentabilidade da plantação de chá: Um estudo de caso de Assam, Índia. *Jornal Indiano de Investigação Agrícola,* 51(5), 390-395.

Sharma, E., & Arora, B. (2011). Papel dos fungos VAM na mitigação do stress da seca nas plantações de chá. *Jornal de Biologia Ambiental,* 32(5), 481-

486.

Singh, K. P., et al. (2018). AMF em viveiros: Melhorando o vigor das mudas de chá para a sustentabilidade a longo prazo. *Journal of Soil Microbiology*, 42(4), 101-108.

Senanayake, R., & Ratnayake, R. (2020). Métodos tradicionais de controlo de pragas no cultivo de chá no Sri Lanka. *Jornal Asiático de Investigação Agrícola,* 14(1), 33-39.

Somasundaram, E., & Sanjeev, G. (2003). Panchagavya: Uma formulação tradicional de ITK para a agricultura sustentável. *Indian Journal of Traditional Knowledge*, 2(4), 376-382.

Sangha, J.K., & Dhaliwal, M. (2014). Conhecimento indígena em pragas

gestão: Utilização de formulações tradicionais. *Jornal de Investigação Agrícola Aplicada,* 6(1), 21-28.

Sinha, R.K., & Bharambe, G. (2007). Vermicomposto: "A história do ouro orgânico" - Uma forma sustentável de gestão de resíduos e de melhoramento dos solos. *Revista Internacional de Estudos Ambientais.*

Sinha, R.K., Bharambe, G., & Chaudhari, U. (2008). "Agricultura sustentável através da vermicultura: As minhocas revitalizam os solos e a agricultura biológica".

Ciências AgrícolasRamesh, P., Singh, M., & Rao, A.S. (2005).

"Agricultura biológica: Its relevance to the Indian tea sector". *Agriculture and Food Chemistry Journal.*

Saha, S., & Sen, S. (2010). "Práticas de compostagem orgânica em plantações de chá". *Indian Journal of Tea Science.*

Singh, V. P., & Singh, P. N. (2013). *Organic Tea Cultivation and Certification (Cultivo e Certificação de Chá Orgânico).* International Book Distributing Co.

Sangeetha, V., & Thevanathan, R. (2010). "Panchagavya: Uma bênção para a agricultura biológica". *Jornal Asiático de Pesquisa Agrícola.*

Selvaraj, P., & Thirunavukkarasu, M. (2015). "Efeito de Panchagavya no crescimento e rendimento das culturas." *Jornal Indiano de Agricultura Orgânica.*

Subhashini, S., & Padmanaban, P. (2010). "O papel do Panchagavya no aumento do rendimento das culturas e da fertilidade do solo nas plantações de chá". *International Journal of Tea Science.*

Sud, R.K., & Yadav, R.N. (1997). Eficácia dos insecticidas à base de neem na gestão do mosquito do chá (*Helopeltis theivora*). *Indian Journal of Entomology*, 59(4), 350-354.

Singh, K., & Sinha, S. (2014). "Papel dos catalisadores de crescimento de plantas no aumento da produção de chá". *Jornal indiano de pesquisa de chá.*

Sharma, R., Singh, S., & Bhat, R. (2020). "Efeitos das citocininas na proliferação de brotos e rendimento em Camellia sinensis". *Journal of Plantation Crops,* 48(2), 158-166.

Selvaraj, P., & Dutta, A. (2016). "Biofertilizantes como catalisadores de crescimento em plantações de chá orgânico". *Jornal Internacional de Agricultura Orgânica.*

Bióticos do solo. 2015. Efeitos do ácido húmico na agricultura: uma visão geral da literatura e uma revisão da pesquisa atual

Taiz, L., & Zeiger, E. (2010). *Fisiologia Vegetal.* Sinauer Associates.

Tilman, D. (2000). "O papel ecológico do adubo verde na agricultura sustentável". *Journal of Agronomy.*

Wu, Q. S., & Xia, R. X. (2006). Os fungos micorrízicos arbusculares influenciam o crescimento, o ajustamento osmótico e a fotossíntese dos citrinos em condições de boa rega e de stress hídrico. *Journal of Plant Physiology,* 163(4), 417-425.

Wang, Y., et al. (2019). *O papel do ácido abscísico na dormência e nos ciclos de crescimento sazonal no chá.* Jornal de Ciências da Horticultura.

Yadav, A., & Garg, V. K. (2011). Vermicompostagem industrial de lamas de águas residuais de uma fábrica de papel: Influência da adição de estrume de vaca e revolvimento na biomassa de minhocas e na atividade microbiana. *Environmental Science and Pollution Research*, 18(6), 1086-1094.

Zhang, Q., et al. (2019). Os fungos micorrízicos arbusculares aumentam o crescimento das plantas de chá e a absorção de nutrientes em condições de campo. *Ciências Agrícolas na China,* 18(5), 1009-1016.

Zhao, L., et al. (2020). *Alívio do estresse da seca no chá via aplicação de ácido abscísico*. Fisiologia Ambiental de Plantas.

MIX
Papier aus verantwortungsvollen Quellen
Paper from responsible sources
FSC® C105338

FSC
www.fsc.org

Printed by Books on Demand GmbH, Norderstedt / Germany